世界でいちばん素敵な
科学の教室
The World's Most Wonderful Classroom of Science

はじめに

リンゴが木から落ちる——
この当たり前と思える様子を見て、
リンゴと地球は互いに引き合っている、
そう考えた男がいました。
ならば、地球と月も同じように引き合っている、
その男はそう確信しました。

科学者は、目の前の事象に対して「なぜ?」(疑問)と問いかけ、
そうなるのは、「こう考えれば」(仮説)説明がつくと思いつき、
ならば、「こうなるに違いない」と予測を立てたり
実験をしたりして、仮説が正しいかどうかを証明します。

科学は少しずつ少しずつ世界の成り立ちを解き明かしてきました。
そして、それが真実と考えられるようになりました。
しかし、それまでの考え方が180度ひっくり返るような、
大きな発見が科学の歴史にはいくつもあります。
そんな科学の歴史をたどるのが本書です。

本書の前半では、科学に大きな革命を起こした、
アインシュタイン（相対性理論）、コペルニクス（地動説）、
ニュートン（万有引力）、ダーウィン（進化論）、
ワトソンとクリック（DNAの構造解析）を取り上げます。
続いて、おおよそ年代順に
科学者たちの偉業を俯瞰していきます。

ここに、登場する科学者たちによって科学は発展してきました。
一見クールに思える科学も
科学者たちの発見の格闘とエピソードを知ることで
人間味あふれる壮大な人類の科学物語として
感じてもらえるに違いありません。

Contents
目次

- P2　はじめに
- P6　光より速いものってある?
- P10　宇宙には中心ってあるの?
- P14　なぜ月は地球に落ちてこないの?
- P18　生物の「進化」ってなに?
- P22　DNAの構造を発見したのはだれ?
- P26　世界を変えた科学の絶景1
　　　360万年前の人類の祖先の足跡化石
- P28　大昔にも女性の科学者はいたの?
- P32　科学はいつごろから始まったの?
- P36　地球にいて地球が球であることはどうすれば分かるの?
- P40　お風呂に入るとフワッとするのはなぜ?
- P44　地震の震源地を知る方法を最初に見つけたのはだれ?
- P48　科学の実験って、そもそもなに?
- P52　世界を変えた科学の絶景2
　　　人類最古の芸術作品
- P54　多才な科学者として有名な人を教えて。
- P58　極地方にだけ、オーロラが現れるのはなぜ?
- P62　星占いも科学の一種だったの?
- P66　地動説はガリレオが証明したの?
- P70　成人には、どのくらいの量の血液が流れているの?
- P74　世界を変えた科学の絶景3
　　　未知の大陸、南極大陸の発見
- P76　ミクロの世界はどこまで見えるの?
- P80　ホモ・サピエンスってどういう意味?

電子顕微鏡で見たウイルス。

P84	地球の重さはどうやって量るの？
P88	数学は科学にどう役に立つの？
P92	雷の電気は利用できないの？
P96	歴史に残る科学的発見はどうやって生まれるの？
P100	世界を変えた科学の絶景4 月に残した人類の足跡
P102	科学者はどんなときに新発見がひらめくの？
P106	元素っていったいなに？
P110	人類が宇宙に行く夢はいつ始まったの？
P114	エネルギーってそもそもなに？
P118	放射線と放射能は、どう違うの？
P122	ハワイが日本に近づいているってホント？
P126	ミツバチはどうやって蜜のありかを知るの？
P130	トウモロコシの実の色にほかの色が混ざるのはなぜ？
P134	ブラックホールってホントにあるの？
P138	世界を変えた科学の絶景5 土星から見た地球は宇宙の宝石かゴミ粒か
P140	素敵な研究をした日本人科学者を教えて。
P144	日本人のノーベル賞受賞者は何人いるの？
P148	日本人のノーベル賞受賞者
P150	科学・発見の歴史
P154	索引
P156	フォトグラファーリスト
P158	主な参考文献

Q
光より速いものってある？

太陽と地球の距離は約1億5000万km。光の速度は秒速約30万kmなので、私たちが見ている太陽は約8分前の姿です。写真は「薩摩富士」とも呼ばれる開聞岳（鹿児島県指宿市）と朝陽。この太陽も写真を撮った約8分前の姿です。

A
物質のなかにはありません。

アルベルト・アインシュタインは、1905年に特殊相対性理論を発表し、
光の速さは真空中ではどんなときも一定であることを示しました。

Q 光より速いものってある？

宇宙に存在するどんな物質も、超えられないスピードがある。

光の速さは真空中では、秒速約30万kmです。
1905年、アルベルト・アインシュタインが発表した論文の中で、光の速さは宇宙のどこであっても一定であることを示しました。
ちなみに、光が水などの媒質中に入ると、少し遅くなります。

Q 光の速さはいつ分かったの？

A 19世紀中頃のことです。

光の速さを史上初めて科学的に求めたのは、デンマークの天文学者オーレ・レーマー（1676年）でした。レーマーは天体現象を利用して光の速さを求めたのですが、大きな誤差がありました。地上で初めて光の速さを測ることに成功し、本当の速さに近い値を出したのは、フランスの物理学者アルマン・フィゾー（1849年）です。

地球から1200万光年先の宇宙に浮かぶ、おおぐま座にある渦巻銀河、M81（NGC 3031）。M81からの光は1200万年かかって地球に届きます。したがって現在地球から見るM81は、1200万年前の姿なのです。

Q2 雷が光っても、すぐに音がしないのはなぜ？

A 音の速さが、光の速さより遅いからです。

雷の光は音より先に届きます。

音速は常温の空気中では秒速約340m、水蒸気中では約470m、水中では約1500mと速くなりながら変わりますが、光速は音速の約90万倍近くあります。このため雷の音は、光を目にしてから耳に届くことになるのです。

Q3 光より速いものって、本当にないの？

A 物質のなかにはありませんが、超光速はあります。

宇宙は、物質も空間も時間もないところから、突如想像を絶するエネルギーとともに誕生したと考えられています。このとき、空間と時間、すなわち「時空」も誕生しました。最初、目に見えないほど小さかった時空は、誕生後、光速をはるかに超えるスピードで一気に広がり、現在のような広大な宇宙となりました。宇宙にある物質は光速を超えられませんが、物質を入れている時空は物質ではないので、光速度の限界には縛られません。こうして宇宙全体は、現在も超光速で広がり続けていると考えられています。

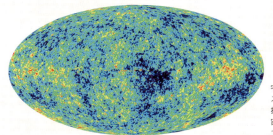

宇宙は138億年前のインフレーションという猛スピードの膨張から始まり、ビッグバンでさらに拡大し、現在も膨張を続けています。観測では、宇宙が始まってから38万年後以降の様子が分かっています。左は誕生して38万歳の宇宙の姿です。

アルベルト・アインシュタイン (1879〜1955年)

アインシュタインは、スイスの特許局で技術者として働きながら物理学を研究し、1905年に3つの画期的な論文を発表しました。そのうちの1つ「動いている物体の電気力学」という地味なタイトルの論文が世にいう特殊相対性理論の論文です。この論文でアインシュタインは、光速度は一定であり、当時真理とされていたニュートン力学は、物体が光速に近づくと成り立たなくなる近似的な理論であることを示しました。

アインシュタインが相対性理論で示したこと
①どんな物体も光の速度(光速)を超えられない ②光速に近づくと、外からは縮んで見える ③運動している物体は、時間がゆっくり進む ④重力が強いところでは、時間の経過が遅くなる ⑤重力があるところでは、まわりの空間がゆがむ ⑥物体には、莫大なエネルギーが潜んでいる（④と⑤は、1915-16年発表の「一般相対性理論」の結論）

Q
宇宙には中心ってあるの？

地球から250万光年離れたアンドロメダ銀河。

A
ありません。

つい400年前まで、「宇宙の中心は地球である」ことが常識でした。現在、宇宙には「中心」など、どこにもないことが分かっています。

Q 宇宙には中心ってあるの？

地球中心の天動説の限界は、地動説でスッキリ説明されました。

宇宙の中心が地球であると考えられていたのは、太陽や月、星々が、毎日地球のまわりを回っているように見えたからです。コペルニクスは、地球中心の天体理論の限界を悟り、太陽中心の理論を打ち立て、従来の説を覆しました。

Q 太陽は動いていないの？

A 速いスピードで動いています。

地球は太陽のまわりを秒速約30km（時速10万km以上）で公転し、太陽は天の川銀河の中心のまわりを時速約86万kmで公転しています。銀河の中心から太陽までは約2万6000光年ですが、太陽は2億年以上かけて天の川銀河の中心を回っていると考えられています。

天の川銀河を上から見た想像図。銀河系の直径は約10万光年、太陽は銀河系の中心から約2万6000光年の位置にあります。太陽系全体はいて座の方向に向かって、秒速240kmで移動しています。

Column 宇宙には中心がない！

コペルニクスの時代、宇宙とは太陽系や遠くの星々のことでした。遠くの星までの距離は分からず、宇宙全体の大きさも未知でした。星雲と呼ばれる天体の多くが天の川銀河に似た別の銀河であることが分かったのは、1920年代のことです。しかも、宇宙全体は、風船をふくらましたように膨張していることも同時に分かりました。風船の表面全体を宇宙にたとえると、どこかを中心に決めると、そこからほかの天体は飛び去って行くように見えます。これはどの天体を中心にしても同じです。つまり、宇宙全体には、ここが絶対的な中心だと言えるところは、どこにもないのです。

ふくらむ風船の表面を宇宙にたとえると、「ここが本当の中心」と言えるところはありません。

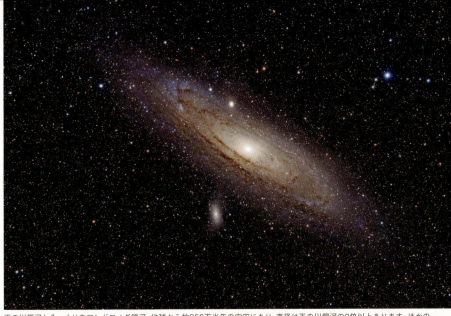

天の川銀河とそっくりのアンドロメダ銀河。地球から約250万光年の宇宙にあり、直径は天の川銀河の2倍以上あります。ほかのほとんどの銀河は天の川銀河から遠ざかりつつありますが、アンドロメダ銀河は天の川銀河に向かって秒速120kmで近づいています。そのため、約40億年後には天の川銀河に衝突すると考えられています。

Q2 天の川銀河も動いているの？

A 秒速約600kmで動いています。

秒速600kmは、時速約216万kmです。私たちは銀河という乗り物に乗って、1日約5200万kmの宇宙旅行をしていることになります。このように、宇宙には絶対的に静止している物体はなく、すべてが動いているのです。

エーゲ海上に浮かぶ天の川銀河。

ニコラウス・コペルニクス （1473～1543年）

1543年、コペルニクスは天動説を覆す地動説を唱えた『天体の回転について』を発表します。観測的には従来の天動説でも十分だったのですが、火星や木星などの見かけの逆行運動や水星や金星が朝夕にしか観測できない理由については、天動説では限界がありました。コペルニクスは地動説でこれらをスッキリ説明したのです。コペルニクスは医師、政治家などとしても活躍していました。司教領を治める高位聖職者でもあり、多方面で才能を発揮していました。

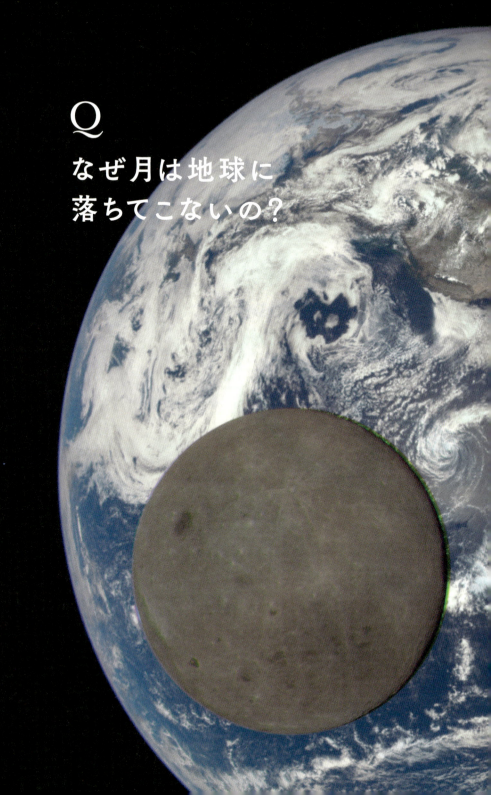

Q
なぜ月は地球に
落ちてこないの？

2015年8月7日、地球から約160万km離れた軌道(地球と月の約4倍遠くの距離)にある人工衛星が撮影した非常に珍しい地球と月の2ショット。見えているのは月の裏側です。

A
地球のまわりを公転しているからです。

アイザック・ニュートンは、リンゴは落ちるのに、月はなぜ落ちてこないのかと不思議に思い、万有引力の法則を発見したと言われています。

Q なぜ月は地球に落ちてこないの？

月とリンゴは2つとも
地球の引力に引かれています。

地球は引力で月を引いていますが、月には地球から離れようとする力もあります。
2つの力がつりあっているため月は地球のまわりを回ることになるのです。

Q 地球の引力は、月と比べてどのくらい強いの？

A 6倍です。

万有引力は質量があるだけで生じ、「重力」とも呼ばれます。天体は重力でお互いに引き合い、地球と月のように、重力の強いほうが弱いほうを従えることになります。太陽系では太陽がいちばん重く（太陽系全体の99％を占める）、したがって重力がいちばん強いので、惑星や小天体が太陽のまわりを回っているのです。

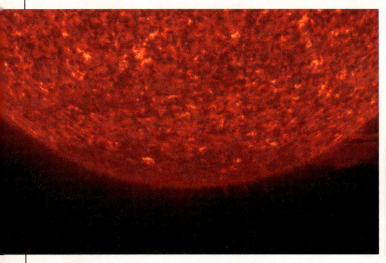

太陽は各惑星の何倍の大きさ？

水星	277倍
金星	113倍
地球	108倍
火星	208倍
木星	9.7倍
土星	11.4倍
天王星	26.8倍
海王星	27.7倍

Column ニュートンのリンゴ

ニュートンは大学時代、ロンドンで流行していたペストで大学が閉鎖され帰郷します。そのとき、リンゴの木の下で月を見ながら瞑想し、「リンゴは落ちるのに、月が落ちないのはなぜか」と疑問に思い、万有引力を発見したと言います。そのリンゴの木がイギリスから東京大学附属植物園（小石川植物園）に贈呈されました（右写真）。原木はニュートンの生まれ故郷、ウールズソープの農園にあります。

イギリスから贈呈されたリンゴの木。

地球から2100万光年にある渦巻銀河M101。どんなに遠い天体の動きや光も、ニュートンの発見した法則で説明できます。

② ニュートンの発見は、万有引力だけ？

A 「運動の法則」なども発見しています。

運動の法則は3つあります。物体は、ほかから力が加えられなければ、その状態を維持し続けるという「慣性の法則」、物体の運動の変化（加速度）は、物体に加えられた力に比例し、方向は力の方向に一致するという「力と加速度の法則」、物体が別の物体に力を及ぼせば、別の物体も大きさが同じで向きが正反対の力をもとの物体に及ぼすという「作用反作用の法則」です。このように単純な法則からニュートンはこの世のさまざまな現象について説明し、さらに万有引力の法則を加えて、天体現象まで説明しました。

アイザック・ニュートン（1642〜1727年）

1687年、『プリンキピア』（自然哲学の数学的原理）を刊行し、地上の物体の運動から天体の運行までを説明することに成功しました。地上や宇宙の物体を支配している運動の法則や、あらゆる物体どうしは万有引力によってお互いに引き合うという「万有引力の法則」を打ち立てたほか、微分・積分という新しい数学も作り、地上の現象だけでなく、太陽系の天体の動きまで正確に説明しました。

ガラパゴスのウミイグアナ。海に潜水して海藻などを食べます。体長は120〜150㎝。

Q
生物の「進化」ってなに？

A
長い時間をかけて
別の生物種になることです。

チャールズ・ダーウィンは、東太平洋上、赤道直下のガラパゴス諸島の生物種を見て、生物の進化を確信しました。

Q 生物の「進化」ってなに？

生物の進化は、長期間の世代交代を繰り返して起きます。

同じなかまの生物が集まってできるグループを「種(しゅ)」と言います。
種のなかで生まれた子どもは同じ種ですが、
ときに親たちとは違う子どもが生まれることがあります。
そういう子どもたちが集まってできるグループが新しい種となることがあります。
こうして生物は進化していくのです。

Q 進化はどのように発見されたの？

A 生物種の変化の観察がきっかけとなりました。

ダーウィンは、測量を目的としたイギリスの軍艦ビーグル号に乗船し(1831〜1836年)、船が南米の海岸沿いからガラパゴス諸島の測量を行っている間に、博物学者として内陸部に生息する生物の観察や収集をしました。その際、島によって同じ生物種が少しずつ変化していることに気づきます。このことが後年、生物は長い年月をかけ、環境の変化に応じて少しずつ変化していき、別の生物種になるという「進化論」へとつながったのです。

ダーウィンは1835年、南米エクアドルから1000kmにある太平洋上の孤島、ガラパゴス諸島に上陸し、南米の生物と似た生物が生息していることを観察しました。下はガラパゴスゾウガメ。ガラパゴスゾウガメは、島によって体色や形態が少しずつ異なります。

Q2 進化はいまでも起きているの?

A さまざまな生物で確認されています。

たとえば南アフリカに自生するバビアナ・リンゲンスという花は、タイヨウチョウという鳥に花粉を運ばせますが、地域によってはその鳥を食べてしまう捕食動物がいます。そこで花は、受粉を確実にするため、鳥の止まり木になるように花茎を伸ばして、鳥が捕食動物から逃げやすくなるような変化を起こしました。

バビアナ・リンゲンスとタイヨウチョウ。

Q3 動物はどうなの?

A トカゲなどにみられます。

地中海周辺に生息する「イタリア壁トカゲ」は、1971年にある島から別の島に放され、その後2008年の調査で、ほかの地域に生息するトカゲとは違っていることが分かりました。肉食から草食となり、体の構造も変化していたのです。この発見により、進化のスピードが速い場合もあることが分かりました。

チャールズ・ダーウィン (1809~1882年)

イギリスの自然科学者・地質学者・生物学者で、生物種はどうやって形成されるのかを説明する『種の起源』という著作を1859年に刊行し、「進化論」を提唱しました。発表後の反響は大きく、「聖書の記述に反する」という反対論もありましたが、その後のさまざまな研究によって、進化論は基本的には正しいことが証明されています。ダーウィンはとても慎重な人で、『種の起源』の発表まで何年もかかりました。ほかにも『人間の由来』(1871年)、『植物の運動力』(1880年)などの著作があります。

Q
DNAの構造を
発見したのはだれ？

ヒトの染色体の電子顕微鏡写真。通常は細胞核の中でほどけていますが、細胞分裂するときにこのような棒状のはっきりした形になります。この染色体の中にDNAがあります。

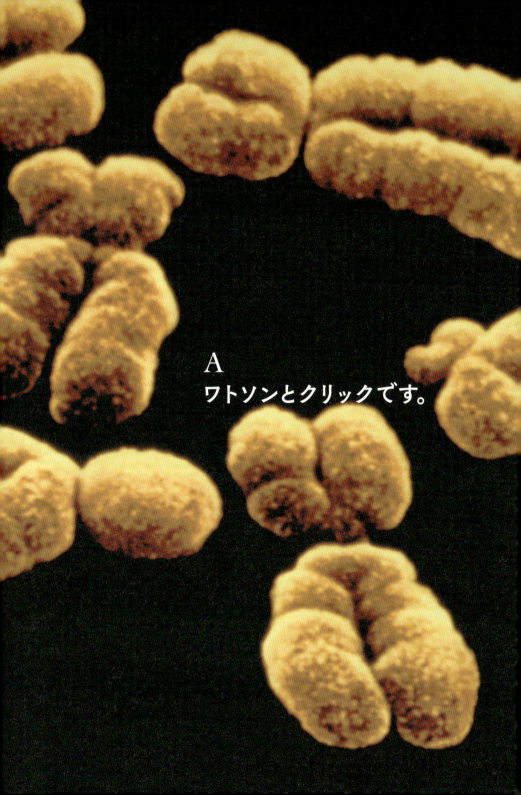

A
ワトソンとクリックです。

> Q DNAの構造を発見したのはだれ？

二重らせん構造のDNAは、遺伝子の倉庫です。

白血球からDNAという物質が発見されたのは、1869年のことでした。
1944年には、遺伝を担うらしいと推測され、
1952年にDNAが遺伝物質であることが証明されました。
そして1953年、ワトソンとクリックによって、
DNAの構造が明らかになったのです。

そもそも遺伝子ってなに？

A 親の形質を子に伝える物質です。

生物の細胞の中には、染色体と呼ばれる物質があります。それが前ページの写真です。染色体の正体はたんぱく質に、細い糸のようなDNAが巻き付いたもの。DNAの中には塩基という物質が4種類あり、遺伝子はそのさまざまな組み合わせでできているのです。

DNAは1本のはしごをねじったらせん状の構造をしています。4種類の塩基のうちの3種類がいろいろと組み合わさって、コドンという最小単位の遺伝子を作ります。このコドンが組み合わさって、さまざまなたんぱく質を合成する遺伝子となるのです。

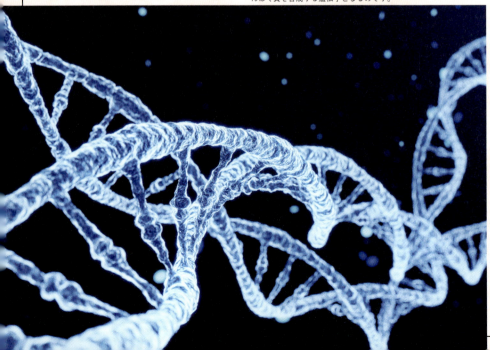

② 遺伝子ってどのくらいあるの？

A 生物によって違いますが、ヒトの場合は約2万5000個です。

ヒトのDNAの塩基の総数は約31億個ですが、魚のハイギョの中には約1100億個あるものもいます。遺伝子の1セットをゲノムといい、ハイギョやサンショウウオ（約400億個）のように、ヒトより大きなゲノムサイズをもつ生物もいます。遺伝子の数は、大腸菌が約4100個、トラフグが約2万2000個、トウモロコシが約3万2000個です。ただし、遺伝子数の多さは生物の複雑さに、必ずしもつながっているわけではありません。

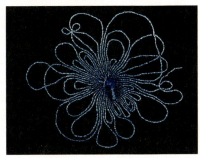
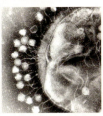

バクテリオファージというウイルスのDNAの電子顕微鏡写真。このウイルスは、大腸菌にとりついて自分のDNAを大腸菌に注入して、大腸菌を破壊します（下写真）。

たくさんのバクテリオファージが大腸菌にとりついていて、自分のDNAを大腸菌に注入している様子。

③ DNAは遺伝子だけで構成されているの？

A 遺伝子ではない部分がたくさんあります。

DNAの遺伝子以外の部分には、遺伝子の働き方を調節する部分がたくさんあることが分かっています。遺伝子の働きは、アミノ酸、つまりたんぱく質を合成する情報にすぎませんが、これらが組み合わさることで、背が高いとか、耳が大きいとか、一重まぶたになるなど、その人を特徴づける遺伝情報となるのです。

四足類の先祖と考えられているアフリカハイギョの一種。

ジェームス・ワトソン(1928〜)とフランシス・クリック (1916〜2004年)

DNAの構造を探り当てようと、共同で研究を続け、ついに1953年、DNAは二重らせん構造をしていることを突きとめ、その功績によって2人は1962年のノーベル生理学・医学賞に輝きました。写真は、若きワトソン（左）とクリック（右）が論文発表後、自分たちの手づくりのDNAの構造模型を説明している様子です。

4つの塩基って？
DNAを構成する4つの塩基のA、T、C、Gは、それぞれアデニン、チミン、シトシン、グアニンです。AとT、CとGが対をなしてDNAの二重らせん構造を作っています。

世界を変えた科学の絶景 1
360万年前の人類の祖先の足跡化石

1978年、ケニアの人類学者メアリー・リーキー博士は、360万年前の人類の祖先、アファール猿人の二足歩行化石をアフリカのタンザニア、ラエトリで発見しました。そこには男女と子供の足跡が70個あり、親子連れだったと推測されています。

Q
大昔にも
女性の
科学者は
いたの？

A
約5000年前の
エジプトに、
女医がいました。

2神に捧げられた珍しい二重神殿、コム・オンボ神殿（エジプト）の碑文。女性2人の右隣りには、古代エジプトで使われていた医療器具が彫られています。

Q 大昔にも女性の科学者はいたの？

5000年前の古代エジプトで医学はすでに存在していました。

古代エジプトの医術は、周辺の諸国にもよく知られ、ギリシアの詩人や歴史家がその評判をいまに伝えています。約5000年前にいた女医、メリト・プタハは、国王であるファラオの侍医で、多くの医師たちを束ねる人でもあったと考えられています。

Q 当時は医学を、どうやって勉強したの？

A 医学書があったので、それを利用しました。

5000年前には世界最古の医学書がありました。そこには体の各部についての診断方法や、ケガの治療法などが書かれていました。

遺体をミイラ化する技術は5000年以上前からありました。

古代エジプト人は、肖像に見るように、男女ともに濃いアイメイクをしました。この化粧には、眼病の予防や治療に役立つ成分が含まれている物質が使われていたそうです。

アメリカの貿易商、エドウィン・スミスが1862年にエジプトで購入したパピルスは、翻訳してみたらとんでもないお宝でした。5000年前のエジプトの医学知識が書かれていたのです（パピルスは紀元前17世紀頃）。このパピルスはエドウィン・スミス・パピルスと呼ばれ、現在はニューヨーク医学会に所蔵されています。左はその6〜7ページ。合理的で科学的な記述は、現代医学に照らしても遜色のない内容だと言います。

5000年前に建築された世界最古の階段状ピラミッド。エジプト第3王朝のジョセル王によってサッカラに建てられました。この近くにメリト・プタハを描いた碑文があります。彼女の息子は位の高い神官で、母のことを「王家の主任医師」と表現しています。

Q2 歯科医もいたの？

A 5000年前に、ヘシ・ラーという歯科医がいました。

ヘシ・ラーは、ジョセル王に仕える歯科医でした。エジプトでは普段から歯の衛生にも気をつかい、歯ブラシはもちろん、ペースト状の歯磨き剤もありました。現代でも薬効が認められている、乾燥させたアヤメの花、塩、コショウ、ミントなどの成分が、歯周病予防や口臭予防に使われたと言います。

紀元前3000年頃のエジプトの遺跡から発掘された歯ブラシは、木の枝の一方をほぐしてブラシ状にし、もう一方の端をとがらせて、つまようじのようにして使用したと考えられています。

ヘシ・ラーを描いた木彫りのレリーフ。ヘシ・ラーは個人名で「太陽神ラーに愛される者」という意味です。ヘシ・ラーのほかに「王の友」「王の主任書記官」「偉大な歯医者」など、計8個の肩書が書かれています。

メリト・プタハ（紀元前27世紀頃）

古代エジプトの最初期の医師であり、科学の歴史に登場する最初の女性です。伝説上の存在ではなく、碑文などでも確認されており、歴史的証拠もあります。古代エジプトには、女子医学専門学校まであり、女性医師が多くいたと言います。メリト・プタハは、その1人でもっとも有名な医師でした。ちなみに、名前の意味は「プタハ神に愛されし者」です。

メリト・プタハは女性のあこがれ？

古代エジプトでは、女性でも能力さえあれば高い地位につけたと考えられています。メリト・プタハはその代表で、人々の尊敬を集めていました。

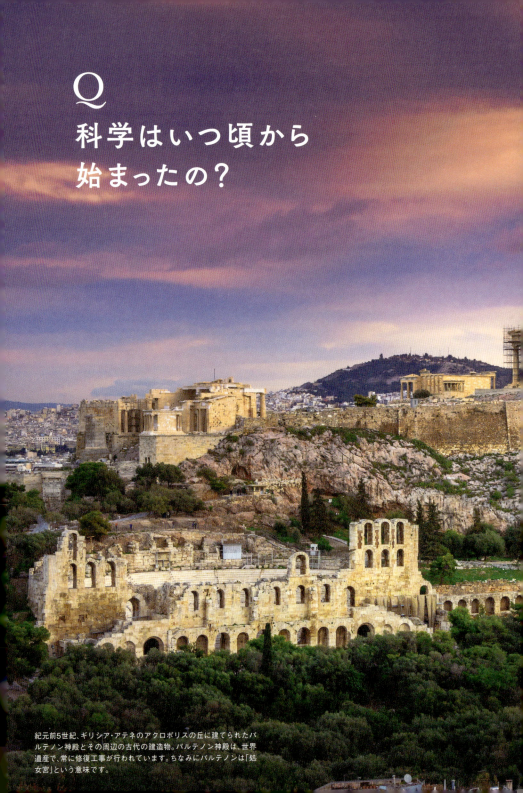

Q 科学はいつ頃から始まったの?

紀元前5世紀、ギリシア・アテネのアクロポリスの丘に建てられたパルテノン神殿とその周辺の古代の建造物。パルテノン神殿は、世界遺産で、常に修復工事が行われています。ちなみにパルテノンは「処女宮」という意味です。

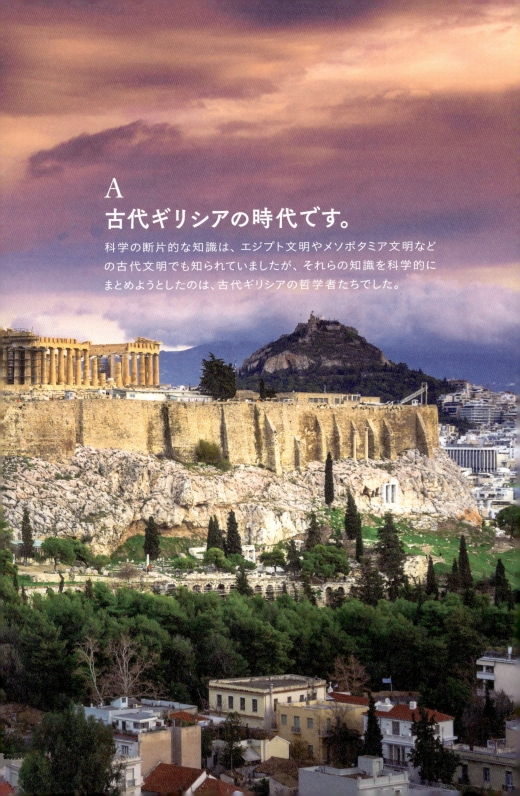

A
古代ギリシアの時代です。

科学の断片的な知識は、エジプト文明やメソポタミア文明などの古代文明でも知られていましたが、それらの知識を科学的にまとめようとしたのは、古代ギリシアの哲学者たちでした。

Q 科学はいつ頃から始まったの？

世界の成り立ちを説明しようと、哲学者たちが試みました。

古代ギリシアの哲学者、タレースは、天文学、幾何学、測量術などに通じ、紀元前585年に起きた日食を予言したことでも知られています。
また、それまで神話的な説明がなされていた世界の起源について、「万物は水である」として合理的な説明を試みました。

Q タレースは科学の知識をどこから学んだの？

A エジプトやバビロニアから学びました。

「直径に対する円周角は直角である」という幾何学の定理は、「タレースの定理」として有名です。

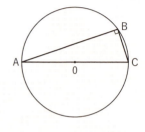

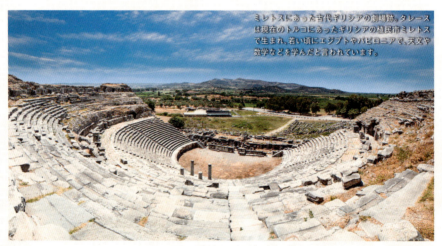

ミレトスにあった古代ギリシアの劇場跡。タレースは現在のトルコにあったギリシアの植民市ミレトスで生まれ、若い頃にエジプトやバビロニアで、天文や数学などを学んだと言われています。

Column　哲学者は金儲けも上手!?

タレースは「哲学は、生活になんの役にも立たないじゃないか」と非難されたとき、天文の知識からオリーブの次の豊作を予測し、オリーブオイルを搾る器械をすべて借りおさえました。現代でいうオプション取引ですが、これによって大儲けし、哲学は金儲けより重要であることを示したと言われています。

タレースはエジプトに旅行したとき、自分の影の長さからピラミッドの高さを計算したと言われています。

Q2 哲学がそもそもギリシアで始まったのはなぜ？

A ギリシアの都市市民は、自由市民だったからです。

古代の国家はほとんどが専制国家で、多くの奴隷が国を支えていました。古代ギリシアの都市国家ポリスにも奴隷はいましたが、ポリス市民には政治や思想、渡航などの自由がありました。ギリシア語で「スコレー」は「ひま」や「余暇」を意味します。これは英語のスクールや学者を意味するスカラーの語源となっています。古代ギリシアの市民には、スコレーが十分あったおかげでさまざまな思索をめぐらすことができ、やがて哲学が生まれ、哲学者が登場したと考えられています。

タレース （前624頃〜前546年頃）

タレースは「万物は水である」と唱えました。ピタゴラスの定理で有名なピタゴラス（前582頃〜前496年頃）は「万物は数である」、デモクリトス（前460頃〜前370年頃）は「万物はアトム（原子）と空虚（真空）からできている」と唱えました。古代ギリシアの哲学者たちは、世界の成り立ちを説明しようとする、科学者でもあったのです。

タレースは戦争を止めた？

タレースはバビロニアの神官たちが長年にわたって集めていた日食の観測データを整理して、戦争のさなかに起きた日食を予言したと言われています。当時日食は何らかの「天意」とされており、これにより15年にわたる戦争は終結しました。

地球の影によって月食となる様子の連続写真。

Q
地球にいて地球が球であることは どうすれば分かるの？

A
月食のとき、
月に映る地球の影を見れば分かります。

Q 地球にいて、地球が球であることはどうすれば分かるの？

港に近づく遠くの船は、マストから船体が見える。

古代ギリシアでは、地球が球体であるとする説は、紀元前5世紀ごろからありました。観察などに基づいて、それを初めて合理的に説明したのはアリストテレスです。

合理的に？　「科学的に」ではないの？

A 説明する際に、あいまいな仮説を用いているからです。

地球が丸い科学的な根拠は、月食のときの地球の影の形や、南に旅したときに観察できる南方の星座の位置が高くなることなどの観測的事実でした。アリストテレスは、地上のあらゆるものは球体になる傾向があるとしていることも丸い理由としたのですが、これは科学的というよりは、哲学的な考察に基づいた仮説でした。

アリストテレスの『動物誌』は、さまざまな観察や解剖に基づき、たとえばクジラやイルカについては、胎生で、母乳で育てるから魚とは違うとしています。実際、クジラ類が哺乳類と認められたのは、アリストテレスの死後、2000年以上たってからでした。

Column　時代のはるか先にいった古代の天文学者

古代ギリシアのアリスタルコス（前310〜前230年頃）は月食の際、月が地球の影の中を通過する様子を観測し、地球の直径は月の直径の約3倍（実際は約3.7倍）と見積もりました。また別の観測から、太陽は月より18倍（実際は約390倍）遠い距離にあるとしましたが、これは観測値の誤差のためで、距離を求める方法は正しかったのです。

アリスタルコスの『太陽と月の距離と大きさについて』（10世紀頃の写本より）

ルネッサンス期イタリアの画家ラファエロ・サンティの最高傑作、「アテネの学堂」です。中央には、アリストテレス（右）とその師のプラトンが議論しながら歩いている姿が描かれています。ほかにも古代ギリシアの有名な哲学者や学者が描かれています。

② アリストテレスは地動説だったの？

A 地球中心の天動説でした。

アリストテレスは『形而上学』という著作で、地球は宇宙の中心であり、太陽をはじめとする月や惑星、遠くの天体は、それぞれの天球上にあり、その天球が地球を中心に回っているとしました。アリストテレスの死後に生まれたアリスタルコスは、天体の詳しい観測から、太陽は地球よりずっと大きく、地球は太陽のまわりを回っているとする地動説を唱えましたが認められず、地動説が広く受け入れられたのは、約2000年後のことでした。

アリストテレス （前384〜前322年）

アリストテレスは月食のときは、どんなときでも地球の影が月に丸く映る様子を観察して、地球は平たい円盤ではなく、球体であることに気づきました。「万学の祖」と言われ、哲学だけでなく、自然現象のさまざまな方面の知識を整理し、芸術論や演劇論、美学や詩学、政治学まで研究し、数多くの著作を残しました。

アリストテレスはアレクサンドロス大王の師匠!?

アリストテレスは40代のときにマケドニア王に招かれて、王子アレクサンドロスと貴族の子弟を教育するための学園を設立しています。その6年後にアレクサンドロスが王となり、後にアレクサンドロス大王と呼ばれました。

Q
お風呂に入ると
フワッとするのはなぜ？

アラビア半島北西部にある塩湖「死海」に浮かんで遊ぶ人たち。死海の塩分濃度は30％もあり、海水の10倍の濃さです。そのため、ふつうの水や海水よりも比重が大きく、強い浮力が生じます。

A
浮力があるからです。
お湯に浸かっている体と同体積のお湯の
重さの分だけ軽くなります。

Q お風呂に入るとフワッとするのはなぜ？

ヒトは肺の空気を出し入れして浮力を調整することができます。

比重はいろいろな物の重さを比較できる便利な数値です。水の比重は4℃で「1.00」とされ、これが基準となります。たとえば、オリーブ油の比重は1以下（0.907〜0.913）なので水に浮き、鉄は1以上の7.85なので、水に沈みます。ヒトは有史以前から水に入って浮力を感じていたはずですが、アルキメデスは、その浮力を初めて科学的に説明しました。

① ヒトの比重はどのくらい？

A 個人差はありますが、1前後です。

ヒトの場合は、比重が1よりわずかに小さかったり、大きかったりします。1より少しでも大きいと沈みますが、肺に空気を入れて比重を1より小さくすれば、水に浮くことができます。海水が真水よりも浮きやすいのは、海水の比重が1より大きく（24℃で1.024）、ヒトの比重が海水より小さいからです。ちなみに、前のページで紹介した死海の海水の比重は1.33くらいと言われています。

② 比重と浮力はどう関係しているの？

A 比重の大きさによって受ける浮力が違ってきます。

比重は、物体の密度と同じ数値です。密度は単位体積当たりの重さですから、密度が違う同じ重さの2つの物体は、体積が違ってきます。この場合、密度すなわち比重が小さいほうが、体積が大きくなります。したがって、異なる比重（密度）で、重さが同じ2つの物体を同時に水に入れると、比重の小さいほうが大きいほうより大きな体積の水を押しのけるため、比重の大きい物体より大きな浮力を受けることになるのです。

Column アルキメデスは古代科学者のスーパースター！？

アルキメデスは、古代における万能の天才でした。物理学のほか、数学、機械工学で数多くの画期的な発見・発明をしています。晩年、ローマ軍がシラクサを再三軍艦で攻めましたが、その度にアルキメデスの新兵器で撃退されたと言われています。しかし紀元前212年、シラクサはついに陥落。ローマの将軍はアルキメデスを保護するように命令しましたが、命令は末端まで行き届かず、一兵士に殺されてしまいました。右は19世紀に描かれたアルキメデスの最期の想像図です。

マッコウクジラは体長16m以上（メスは12m以上）、体重50トン（メスは25トン）という地球最大の肉食哺乳類です。頭部の構造が特殊で、浮袋や潜水時の重りの役目もします。

Q3 マッコウクジラはどうやって潜水するの？

A 頭部の比重を変えて潜水すると考えられています。

頭部にある脳油は白濁色で、ヒトの精液と似ていたため、英語でマッコウクジラは「Sperm Whale（精子クジラ）」と呼ばれています。マッコウクジラは、海水を鼻から吸い込み脳油を冷やすことで比重を大きくして潜水し、鼻から海水を吐き出し、血液を流すことで脳油を温め、比重を小さくして浮上すると考えられています。

王冠は純金ではなかった！

シラクサの王は、神に献納するために作らせた王冠が純金でできているかどうか疑い、その鑑定をアルキメデスに命じました。アルキメデスはなかなか鑑定方法を思いつかず、気分転換に風呂に入ります。そのとき、浮力の原理を発見し、鑑定方法がひらめきました。アルキメデスは預かった王冠と同じ重さの金塊を用意します。空気中では2つの物体は釣り合っていましたが、静かに水に入れると、天秤のバランスが崩れ、王冠が水中で浮いてしまいました。これは王冠の比重が同じ重さの金塊の比重より小さいことを示していて、王冠には銀が混ざっていることが分かったのです。

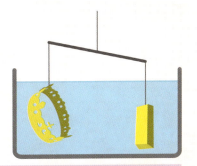

アルキメデス （前287頃～前212年）

古代ギリシアの数学者・物理学者・発明家。アルキメデスは研究に集中すると、ほかのことはどうでもよくなるので、弟子たちが無理やり公衆浴場に連れていき、風呂に入れたことで「浮力の原理」がひらめいたと言われています。「てこの原理」や「滑車の原理」のほか、数学では、弦で区切られた放物線の面積や回転体の体積の求め方など、さまざまな発見や発明をしています。

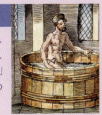

Q
地震の震源地を知る方法を
最初に見つけたのはだれ？

中国甘粛張掖国家地質公園。地層がむき出しになった
カラフルな山並みで有名です。

A
古代中国の張衡です。
　　　　　　ちょうこう

世界で最初の地震計は張衡が作りました。

中国の発明は、後の世界に、大きな影響を与えました。

張衡の晩年、中国各地で地震が多発し、132年に地動儀という地震計を発明しました。実際に甘粛という遠隔地で起きた地震をキャッチしたとされています。

地震の震源地を知る方法を最初に見つけたのはだれ？

Q 張衡は科学のどんな分野を研究したの？

A 天文学、数学、力学、地理学などです。

古代文明では、中国に限らず暦は大切でした。その基礎は天文学と数学です。張衡は地動儀だけでなく、天体の動きを正確に追い、1年でちょうど1回転する「渾天儀（こんてんぎ）」という天球儀も作っています。

張衡の地震計

銅製で直径は2m以上。

東西南北とその中間の方角に、8頭の竜を等間隔に配置。

地震が起きると、その方角を向いた竜の口から球が落ち、蛙の口に落ちる仕組み。

それぞれの竜の下に置かれた8匹の蛙。

鎌倉時代の「蒙古襲来絵詞」には、「てつはう」と呼ばれる武器で火薬が爆発した様子が描かれています。これは「震天雷（しんてんらい）」という爆弾のことで、日本にとっては前代未聞の新兵器でした。

復元された張衡の銅製の渾天儀。はじめは竹で製作されたと言います。渾天儀の下に据え付けられた水時計の回転力を使う仕組みですが、動力に歯車をたくさん使うので、正確に時間を刻ませるためには力学の知識も不可欠でした。

Q2 中国の科学はその後どうなったの?

A 重要な発明をして、その後の世界に大きな影響を与えました。

世界に大きな影響を与えた中国の「四大発明」は、羅針盤、火薬、紙、印刷術です。これらは後にアジアやヨーロッパに伝わり、世界の様相がまったく変わりました。大航海時代、ルネッサンス時代、近代科学のあけぼのへとつながっていったのです。

13世紀元代の火銃。バズーカ砲のような武器でした。

漢代の羅針盤の復元模型。

張衡 (78〜139年)

中国後漢時代の政治家・天文学者。科学だけでなく、多方面に才能を発揮し、数学、地理学、発明、文学、詩作などでも活躍しました。2世紀初め、世界最初の水力天球儀や地震計を発明。地動儀は、人々が体感できないほどの遠隔地で起きた地震でも感知できたと言われています。

張衡の発明は古代中国の宇宙観に基づいていた

張衡の渾天儀は、古代中国の宇宙観(宇宙は卵の殻に相当する天と卵黄に相当する地からできているという説)の「渾天説」に基づいて作られました。地動儀は「候風地動儀」の略称で、竜は天の意志、蛙はそれを伝える役とされました。

Q
科学の実験って、
そもそもなに？

ギザのピラミッドをのぞむナイル川。ナイル川は、古代よりその氾濫を防ぐ方法がありませんでした。11世紀、エジプトのカリフは、ナイル川の洪水をせき止めるため、アラビアから有名な科学者、イブン・アル＝ハイサムを呼び寄せました。ハイサムは実験を重んじる人でしたが、このときはさすがに、ダムを作って実験するわけにもいかず、困り果てました。そこで奇想天外なことをしたのです。

科学の実験って、そもそもなに？

イブン・アル＝ハイサムは、1000年前の実験科学者です。

イブン・アル＝ハイサムは、数学、天文学、物理学、医学、薬学、音楽などを研究する際、すべて実験して、結果から帰納して真実を発見するという手順を踏みました。まさに現代にも通じる方法論で科学研究を進める実験科学者だったのです。
ちなみに、イブン・アル＝ハイサムが生きた時代は、イスラム世界における学芸の「黄金期」と言われています。

なにか伝わっているものはあるの？

A 『光学の書』やカメラ（カメラ・オブスキュラ）です。

イブン・アル＝ハイサムは、レンズや鏡の実験から、屈折の法則や反射の法則を導いています。このことから「光学の父」と呼ばれ、著書である『光学の書』は、かのニュートンも熟読したと言われています。また、カメラの直接の先祖にあたるカメラ・オブスキュラを考案し、実験で使用しています。ほかにも、17世紀以降にガリレオやニュートンなどによって発見されることになる法則をいくつも先取りしていたと言われています。

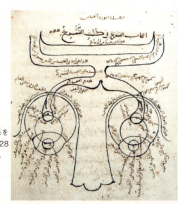

『光学の書』第1巻第5章、目と脳の関係を論じた「目の構造について」より。1028〜1038年に出版された原著写本の図。

カイロにある世界最古の大学の1つ、アル＝アズハル大学（970〜972年設立）。晩年のイブン・アル＝ハイサムは、この近くで研究を続けたと言われています。

17世紀のオランダの画家、ヨハネス・フェルメール（1632～1675年）は、絵画制作の際にカメラ・オブスキュラを利用したのではないかと言われています。「牛乳を注ぐ女」（1658～1660年頃）に描かれたパンとパンかごの取っ手には、肉眼では見えない光の点が点描されています。この光の点はカメラ・オブスキュラを覗くとはっきり見えるそうです。

Q2 古代ギリシアの科学は、その後、どうなったの？

A おもにアラブが受け継ぎ、ヨーロッパは忘却しました。

ローマ帝国の支配下にあったヨーロッパは、政治的混乱に明け暮れ、4世紀には帝国が2つに分裂してしまいます。それからの500年間、ヨーロッパでは、古代ギリシアの多くの科学的文献は失われたままとなり、それらはイスラム文明やインド文明に受け継がれました。中世の終わりころになって、スペインやイタリアを経由してアラビア語に翻訳された古代ギリシアの文献が少しずつヨーロッパに伝わってくるようになったのです。

カメラ・オブスキュラとは「暗い部屋」という意味です。壁に空いた小さな穴を通って外の光が暗い部屋に入ると、外の景色が反対側の壁に上下が逆さになって映し出されます。一見複雑そうに見える現代のカメラも、カメラ・オブスキュラの原理の応用にすぎません。そのため、カメラ・オブスキュラのカメラから名前をもらっています。

イブン・アル＝ハイサム（965～1040年）

古代イラクのイブン・アル＝ハイサムは、ナイルの洪水を治める研究をしますが、不可能であることが分かり、カリフにそれを伝えた場合の怒りを恐れ、気が狂ったふりをして、軟禁されました。しかし、軟禁中に後世に影響を与えた『光学の書』を完成させ、後に「光学の父」と言われています。カリフが死んで軟禁が解かれたあともカイロにとどまり、数学や天文学、数多くの実験的研究をし、カメラなども発明しました。

多くの学者が影響を受けたイブン・アル＝ハイサムの業績

イブン・アル＝ハイサムのアラビア語の著作は、12世紀になってラテン語に翻訳され、ケプラーなどをはじめとする多くの学者に影響を与えました。

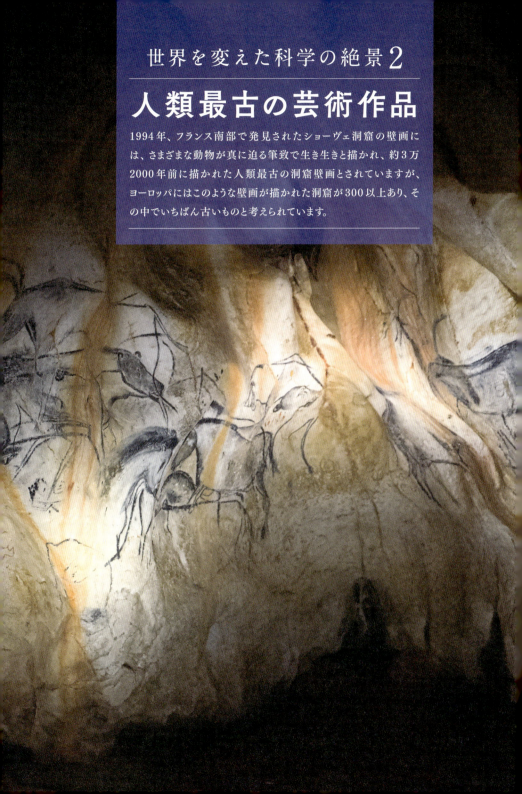

世界を変えた科学の絶景 2
人類最古の芸術作品

1994年、フランス南部で発見されたショーヴェ洞窟の壁画には、さまざまな動物が真に迫る筆致で生き生きと描かれ、約3万2000年前に描かれた人類最古の洞窟壁画とされていますが、ヨーロッパにはこのような壁画が描かれた洞窟が300以上あり、その中でいちばん古いものと考えられています。

レオナルド・ダ・ヴィンチが生まれ育った、イタリア・トスカーナ州フィレンツェ県にあるヴィンチ村の中心部。街はオリーブの丘に囲まれ、レオナルド・ダ・ヴィンチが活躍したルネッサンス時代とほとんど変わらない風景です。写真右手の教会の後ろに、鐘楼のある城があり、そこにレオナルド・ダ・ヴィンチ博物館があります。

Q

多才な科学者として有名な人を教えて。

A
レオナルド・ダ・ヴィンチが有名です。

芸術家であり、発明家でもあり、建築家でもありました。
ちなみにレオナルド・ダ・ヴィンチの名は、ヴィンチ村のレオナルドという意味です。

Q 多才な科学者として有名な人を教えて。

レオナルド・ダ・ヴィンチに芸術と科学の区別はありません。

レオナルド・ダ・ヴィンチには、生前は出版されなかった13,000ページにも及ぶ手稿があります。それを見ると、時代のはるか先をみたアイデアとイメージにあふれています。これら手稿は、レオナルド・ダ・ヴィンチの芸術創造と工学上の設計・作製に生かされました。

Q ダ・ヴィンチはどのように研究したの？

A まず観察、次に実験、そして実践でした。

ダ・ヴィンチと言えば「モナリザ」が有名ですが、生涯描き続けた手稿は、人体各部位の解剖図をはじめ、飛行機やヘリコプターなどの革新的な発明のほか、鳥の飛翔や水流の様子など、詳細を見抜くことが難しい自然現象の観察図などであふれています。こうした観察と実験を詳細に記録し、実際の機械製作や工事に生かしました。

数々の機械設計とヘリコプターのアイデアが描かれた手稿。

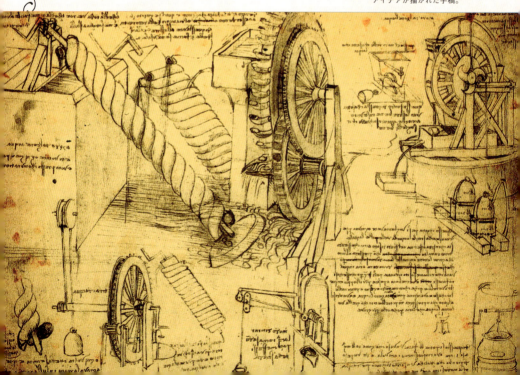

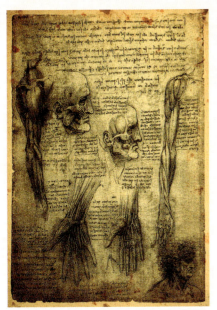

ダ・ヴィンチの手稿に描かれた肩から腕にかけての解剖図。解剖図に描かれたのは、心臓や脳などの内臓のほか、妊婦、胎児など多岐にわたっています。

ヴェロッキオ作「トビアスと天使」。子犬と魚は10代のダ・ヴィンチが描いたと言われています。ダ・ヴィンチは当時の画家のモデルにもなっています。

② ダ・ヴィンチの手稿はどこにあるの?

A 出版かなわず、各所に分散してしまいました。

ダ・ヴィンチは生前、手稿の人体解剖図の部分を出版しようとしました。しかし、それはかなわず、弟子のフランチェスコ・メルツィが引き継ぎましたが、それもかなわず、手稿はとうとう各所に分散してしまいました。

ダ・ヴィンチの描いたウィトルウィウス的人体図をもとにデザインされた切手。もっとも美しいと言われる黄金比で構成れているとされます。ダ・ヴィンチは、「自分の芸術を真に理解できるのは数学者だけである」とも、「人のいかなる実験も数学的な証明がなければ、科学とすることはできない」とも言ったとされています。

レオナルド・ダ・ヴィンチ (1452〜1519年)

父セル・ピエロは早くから息子の才能を見抜き、14歳のころ、フィレンツェ随一のヴェロッキオの美術工房に入門させました。ダ・ヴィンチの経歴は、美術家として始まりましたが、あらゆる方面に好奇心を抱き、後年、「万能の天才」と呼ばれるようになりました。ダ・ヴィンチは若いころからいわゆるイケメンで、多くの画家のモデルになったとも言われています。右は、弟子のフランチェスコ・メルツィが描いた晩年のレオナルド・ダ・ヴィンチの肖像です。

Q
極地方にだけ、
オーロラが現れるのはなぜ？

A
地球が大きな磁石だからです。

オーロラは、太陽から飛んできた電気を帯びた粒子が地球の磁気に沿って極地域に移動し、空気中の原子や分子とぶつかって、発光する現象です。酸素とぶつかると緑や赤、窒素とぶつかると紫、青、ピンクに発光します。

アイスランドの北極圏にある島で撮影されたオーロラ。

Q 極地方にだけ、オーロラが現れるのはなぜ？

太陽から飛んできた粒子が、地球にぶつかって輝きます。

太陽からは太陽風という電気を帯びた粒子がたくさん飛んでいます。
これらは地球の磁力線に沿って、
北極や南極方面に向かって流れていきます。
それが酸素や窒素と反応してオーロラが発生するのです。
オーロラの科学的研究は、18世紀頃から始まりましたが、
ウィリアム・ギルバートは1600年に地球が大きな磁石であることを示して、
その後の地球科学の基礎を築きました。

 オーロラはどこでも見られるの？

A どこでもではありませんが、かつて日本でも観察されました。

オーロラは両極点のすぐ近くでは見られず、オーロラ帯という楕円上になっている高緯度地方でよく見られます。
太陽の活動が活発なときには、中緯度の北海道や新潟県でも観察されたことがあります。

ハッブル宇宙望遠鏡がとらえた土星の北極に現れたオーロラ（2017年）。オーロラは、地球のように磁気圏のある天体に現れるので、同じく磁気圏のある木星でも観測されています。

Column オーロラのでき方

太陽の活動とオーロラの発生は、深く関係していますので、太陽活動が盛んになったり衰えたりすると、オーロラの発生もそれに連動して、増えたり減ったりします。オーロラが夜にしか見えないのは、太陽からの電気を帯びた粒子が、地球の磁力線に沿って地球の夜側に大きく回り込み、そこから地球の方へ加速され、大気の粒子とぶつかって発光するからとされています。

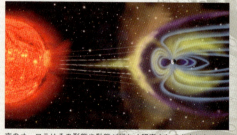

夜のオーロラはその形態や動態が詳しく研究されてきました。しかし、太陽光が勝っている昼にもオーロラは発生しています。近年になって、ようやくその解明が進んできました。

宇宙から見た南極上空に現れたオーロラ。オーロラは地上からはカーテン状に見えますが、全体は写真のように環状につながっています。

オーロラが出る季節は？

A 特に冬の寒い日ですが、季節は関係ありません。

オーロラは高度100km以上という、大気の上層部で起こる現象ですから、地上の気温は関係ありません。そのため、夏に観測されることもあります。冬に多く見えるのは、夜空が快晴になると放射冷却によって地上の熱が宇宙に飛び去って高空まで晴れ渡るからです。

③ オーロラが見える時間帯は？

A 統計的には、真夜中近くがいちばん多いと言われています。

オーロラがよく見える高緯度の地域では、年間で250日くらい見えたこともあるそうです。夏の白夜の明るい夜以外は、ほぼ毎日見られたということになります。

ウィリアム・ギルバート （1544〜1603年）

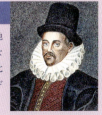

球形の磁石を作り、小さな磁石の針を磁石の表面に沿って動かすと、実際の地球上での方位磁針の動きを忠実に再現することを実験で確かめ、地球は大きな磁石であることを『磁石論』（1600年）で明らかにし、方位磁針が北を指すのは北極星などの力によるとされていたことが、間違いであることを明らかにしました。ギルバートは医師の仕事をしながら磁気や電気の研究を続けました。

Q
星占いも科学の一種だったの？

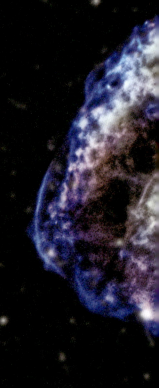

ヨハネス・ケプラーが1604年に発見した超新星SN1604の残骸のX線画像。

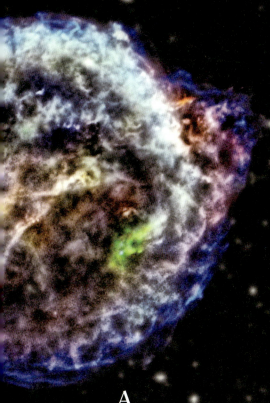

A
科学ではありませんが、
天文学の母胎となりました。

占星術は、文明の発生とともに真剣に研究されてきました。天体の位置や動きは、「天」からのメッセージで、正しく読み解くことが、重要だと考えられていたからです。占星術により天体に関する膨大なデータが蓄積し、これが後に天文学へと発展していったのです。

Q 星占いも科学の一種だったの？

ケプラーは、師匠のデータから惑星の法則を導きました。

占星術師でもあったケプラーは、デンマークの天文学者ティコ・ブラーエ（1546〜1601年）の助手に招かれ、ティコの死後、その観測データを受け継ぎました。ティコの観測データは、望遠鏡がなかった当時最高の精度を誇り、ケプラーは数学を駆使して3つの惑星運動の法則を導きました。

どうやって惑星運動の法則を導いたの？

A 観測データを整理し、新しい仮説にあてはめて導きました。

ケプラーが『新天文学』（1609年刊）で発表した「惑星運動の第1法則」は、各惑星は太陽を1つの焦点とした楕円軌道を描くということです。それまでは、惑星は円軌道を描くと考えられていましたが、ティコの火星観測のデータを整理すると、軌道が円になりません。そこで、「火星の軌道は円に近い楕円である」と仮定すると、ぴったりとデータと一致したのです。ケプラーの発見によって、「地動説」がより確かなものに近づいていきました。

ケプラーの『新天文学』原本。同著はイタリア・ナポリの「国立ジロラミーニ記念館」の図書館から盗まれ、その後2015年、ドイツのミュンヘン警察によって犯人から押収されました。

ティコ・ブラーエの観測室の様子。ティコの時代には、まだ望遠鏡がなかったのですが、ティコのデータは驚異的な精度を誇り、そのおかげでケプラーは、惑星の法則を導くことができたと考えられています。

人工衛星ケプラーは、太陽系外に地球のような惑星を探すため、ケプラーの『新天文学』刊行後の400年目にあたる2009年、アメリカ航空宇宙局（NASA）が打ち上げた宇宙望遠鏡衛星です。2018年10月に観測が終了するまで、50万以上の恒星を観測し、2600以上の惑星を発見しました。右の写真は想像図。

Q2 惑星運動の法則が、その後に与えた影響は？

A ニュートンの法則につながりました。

ケプラーが導いた惑星運動の法則を、後世のニュートンがヒントにして、万有引力の法則を導きました。逆に、ニュートンが発見した万有引力の法則と運動の法則から、ケプラーの法則を導くこともできます。

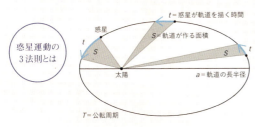

惑星運動の3法則とは

■ ケプラーの惑星運動の法則
第1法則　各惑星は太陽を1つの焦点とする楕円軌道を描く。
第2法則　図Sに示した惑星が同じ時間で描く面積は同じ。
第3法則　各惑星の公転周期Tの2乗は、その惑星の軌道長半径aの3乗に比例する。

Q3 ケプラーの占星術の評判は？

A よく当たると評判でした。

ティコの死後、ケプラーはティコの後任として、デンマーク王のルドルフ2世宮廷付占星術師として仕えました。ケプラーには、大学教授の口がなかったので、王侯貴族に仕えたり、占星術の本を出版したりして、生計を立てていました。

ヨハネス・ケプラー （1571～1630年）

1600年代初め、王侯貴族の占星術師として雇われ、当時最高の観測精度を誇った天文台に招かれ、占星術の合間に本格的な天文観測を行っていました。惑星の運動を数学的に詳しく分析することで、惑星運動の3法則を発見したのです。ケプラーの発見は、のちのアイザック・ニュートンの研究に影響を与え、万有引力の法則が導かれました。

ヨハネス・ケプラーのいた時代は、魔女狩りの時代

1620年、ケプラーの母親が魔女裁判にかけられ、ケプラーは無罪を勝ち取るために奔走し、1年後に無事に無罪となりました。当時は魔女狩りが全盛だったのです。

Q 地動説はガリレオが証明したの？

木星とガリレオが発見した衛星の1つ、イオ。

A
ガリレオではなく、
19世紀の科学者です。

ガリレオは発見した木星の4つの衛星がどれも地球ではなく、木星のまわりを回っていることから、地動説を確信しましたが、証明はしていません。

Q 地動説はガリレオが証明したの?

ガリレオが偉大なのは、運動の本質を見抜いたこと。

ガリレオは、当時の天文学、物理学を、近代的な観測と実験によって革新しました。地動説で有名ですが、落体の法則、振り子の等時性、慣性の法則などの発見が、ガリレオを近代科学の父としたのです。

Q ガリレオはどうやってさまざまな発見をしたの?

A 思考実験とその数学的裏付けです。

観察や実験は大切ですが、それを確かなものとするためにも、数学的な分析は不可欠でした。また、実験には空気抵抗や摩擦力といった実験の本質に関係のない要素が伴いますが、もしそれがなければどうなるかと仮定し、実際の実験をふまえ、正しい法則を想像力で導きました。これが思考実験です。ガリレオは実験科学者であり、理論科学者でもあったのです。

ジョルダーノ・ブルーノ(1548〜1600年)は、コペルニクスの地動説を擁護し、宇宙の広さは無限であると、著作『無限、宇宙と諸世界について』で説き、異端審問にかけられ、自説を曲げなかったため、火刑にされました。ガリレオはブルーノの前例を知っていたので、1633年の異端審問で、地動説を撤回せざるを得ませんでした。

振り子の等時性
ガリレオは、ピサの教会堂の振り子を観察しているとき、「振り子の等時性の法則」を発見しました。振り子の振れ幅が小さいときは、振れ幅や重さが違っても、1往復に要する時間は同じであるという法則です。この振り子は、「ガリレオの振り子」と呼ばれています。

Column 月面上で「落体の法則」を証明

ガリレオがピサの斜塔で行ったとされている実験で発見した法則に、「落体の法則」があります。重さの違う2つの物体を高いところから落とすと、空気の抵抗や摩擦がなければ、同時に地面に着地するという法則です。1971年、証明のデモンストレーションが、空気のない月からの生中継により行われました。右の写真はアポロ15号の月着陸時に、ハンマーと羽根を同時に落とし、真空の月では同時着地するというガリレオの落体の法則を確認したビデオの一場面です。

ガリレオは、1608年にオランダで発明された望遠鏡の噂を聞いて自ら作り、1610年、木星に4つの衛星を発見しました（左よりイオ、エウロパ、ガニメデ、カリスト）。これらは現在「ガリレオ衛星」と呼ばれています。

② ガリレオの職業はなんだったの？

A 大学教授、貴族の家庭教師、著述家、発明家でした。

ピサ大学やヴェネツィア共和国のパドヴァ大学などで教鞭をとっていましたが、父の死後、家族の扶養に責任を持つようになり、著作や発明を積極的に行うようになります。発明品の中には、温度計や計算コンパスなどがあり、計算コンパスは売れ行きがよかったようです。1610年刊行の『星界の報告』には、メディチ家のトスカーナ大公への献辞があり、新発見の木星の衛星を「メディチ家の星」と名付けてヨイショしています。このおかげもあって、ピサ大学教授兼トスカーナ大公付哲学者に任命されました。

慣性の法則 物体を動かすと、空気の抵抗や床の摩擦などがなければ、いつまでも最初のスピードを保って動き続けます。物体は、外部からなんらかの力がかからない限り、いつまでも現状を維持しようとします。これが慣性の法則です。

1610年に刊行された『星界の報告』の木星の観測を記したページのガリレオ自筆の原稿。

ガリレオ・ガリレイ （1564～1642年）

ガリレオは、地動説を唱えましたが、証明まではしていません。地球の公転を天体観測によって証明したのは、ヴィルヘルム・ベッセル（1838年）で、地球の自転を実験で証明したのはレオン・フーコー（1851年）です。右は、教会の異端審問後、自宅に軟禁状態にあったガリレオの肖像（1636年）です。ガリレオはリュートという楽器の名手でもあったので、それを演奏して晩年の孤独を慰めたようです。

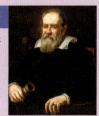

Q
成人には、どのくらいの量の血液が流れているの？

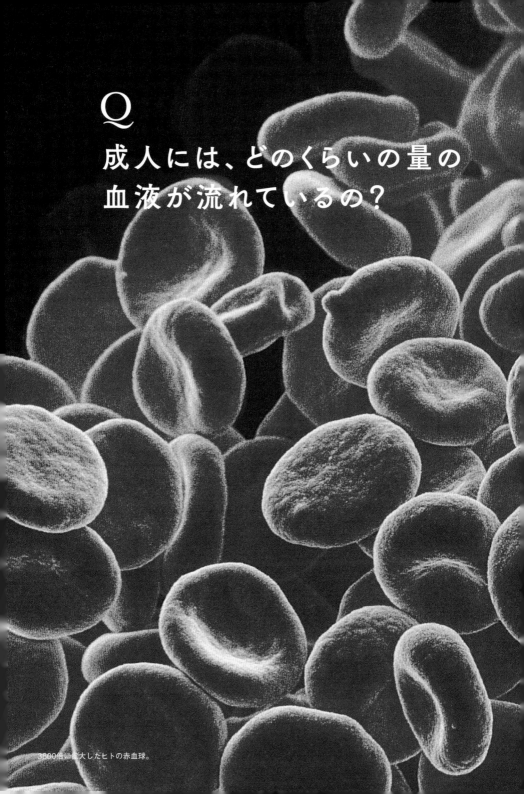

3800倍に拡大したヒトの赤血球。

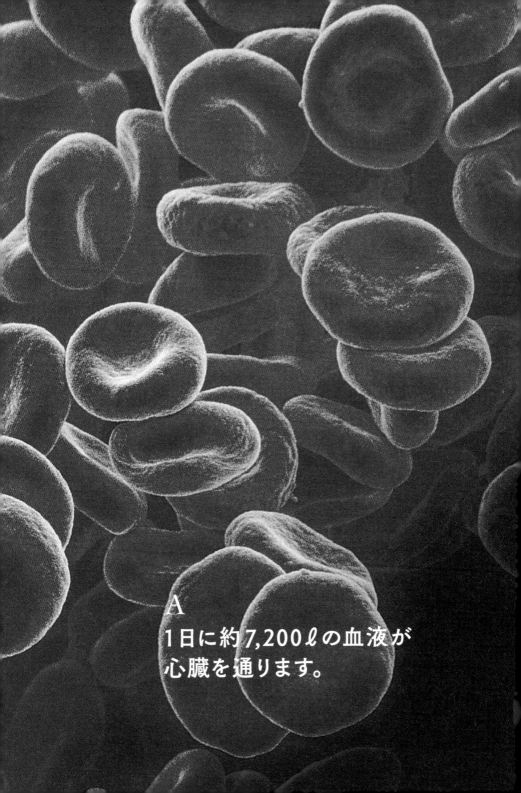

A
1日に約7,200ℓの血液が心臓を通ります。

> Q 成人には、どのくらいの血液が流れているの？

毎日約2,000億個の赤血球が身体の中で作られています。

血液は、細胞成分(45%)と血漿成分(55%)からできています。
細胞成分は、酸素を運ぶ赤血球(約96%)のほか、
止血する血小板、細菌などを攻撃する白血球からできています。
ウイリアム・ハーヴェーは、血液は体中を循環していることを証明しました。

① 心臓を通る血液は1分間ではどのくらい？

A 安静時には約4,900mlです。

安静時の心拍数は1分間に約70回、1回の心拍ごとに約70mlの血液が心臓から送り出されます。したがって、1分間で70×70＝4,900ml（4.9ℓ）の血液が心臓を出ていくことになります。これは体重45kgの人ならば、約44秒で全身の血液が心臓を通っている計算になります。

② 血液はどこで作られるの？

A 骨髄で作られます。

血液は、古代エジプトでは消化管で、古代ギリシアでは肝臓で作られていると信じられていましたが、19世紀になって、骨髄で作られていることが分かりました。赤ちゃんの場合は全身の骨の骨髄で作られますが、大人の場合は胸骨、脊椎、肋骨、骨盤など、限られた骨髄でしか作られません。それらの骨髄の中で、赤血球は約2,000億個、白血球は約1,000億個、血小板は約1億個が毎日作られています。

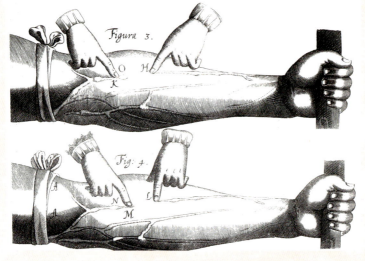

ウイリアム・ハーヴェー著『動物における血液と心臓の運動について』(1628年)に描かれている、血管をしばるとどうなるかを実験した図。本書で血液循環説を唱えました。

骨髄の電子顕微鏡写真。赤く色づけされた部分が骨髄で作られた赤血球です。

ハーヴェーの実験について教えて。

A 血液が心臓を通って体全体を循環していることを示しました。

この実験でハーヴェーは、大静脈をしばれば心臓に血液がなくなり、大動脈をしばれば血液は心臓に停滞することを示し、従来から言われていた血液は肝臓で作られるという説を覆しました。血液が体中を循環して心臓に送られ、また心臓から出ていくことを科学的な方法で証明したのです。

血液はなぜ赤いの？

A 赤血球は、赤以外の光を吸収して赤の光を反射するため赤く見えます。赤血球が赤いのは中にヘモグロビンがあるから。ヘモグロビンはヘムとグロビンというたんぱく質からできています。グロビンは透明ですが、ヘムには鉄成分があって、これが水分と反応して赤くなり、ヘモグロビンも赤くなるのです。

ウイリアム・ハーヴェー（1578～1657年）

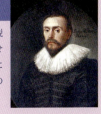

それまで1500年以上信じられてきた「血液は肝臓で新たに作られる」という定説に疑問を抱き、さまざまな実験と観察によって、ふだん血液は減りもせず増えもせず、心臓を通って体中を循環していることを突きとめました。その結果を『動物における血液と心臓の運動について』という著作で示し、生理学の基礎を築いたのです。この発見が医学を近代的な科学へと脱皮させたのです。

世界を変えた科学の絶景3

未知の大陸、南極大陸の発見

南極大陸の南極半島北部のグレアムランド近くの氷山。グレアムランドは1820年に発見され、1832年に名付けられました。古くからはるか南方に未知の大陸があると考えられてきましたが、人類が南極大陸に初めて近づいたのは1770年代で、上陸したのは1820年です。1959年、南極条約が締結され、特定の国による領有権の主張は認められていません。そのかわり、日本をはじめ、アメリカやロシアなどの各国は、南極に科学観測基地を設置し、地球科学と宇宙科学上の成果を挙げています。

Q
ミクロの世界は
どこまで見えるの？

走査型電子顕微鏡で見たクマムシ（緩歩動物。大きさ0.05㎜〜1.7㎜）。300年前には決して見ることのできなかった動物の神秘的な姿です。

A
走査型電子顕微鏡ならば
10億分の数mまで見えます。

Q ミクロの世界はどこまで見えるの？

ロバート・フックは顕微鏡で、ミクロの世界の扉を開けました。

1665年、フックは『顕微鏡図譜』を刊行し、自ら作成した顕微鏡で、肉眼では見えないミクロの世界を明らかにしました。
ここで初めて「cell（細胞）」という言葉を使い、
コルクなど植物は、小さな細胞でできていることを証明しました。
ちなみに、フックの顕微鏡は倍率が50倍というささやかなものでした。

Q 顕微鏡はだれが発明したの？

A オランダの眼鏡職人、ヤンセン父子です。

顕微鏡はオランダの眼鏡製造者ヤンセン父子が1590年頃に発明したとされています。フックの顕微鏡はレンズを2枚使用したものですが、オランダのレーウェンフックの顕微鏡は1枚レンズでありながら、フックの顕微鏡より、ずっと高倍率のものでした。

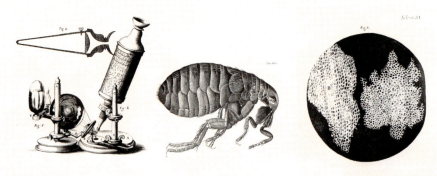

左から、フックが作った顕微鏡、フックが描いたノミの顕微鏡画とコルクの死んだ細胞の細胞壁。

Column 電子顕微鏡で見る世界とニュートン

ニュートンが明かすことのできなかった電子や原子などのミクロの世界の法則は、20世紀になって解明されました。その成果の1つが電子顕微鏡で、1931年にドイツで発明されました。右の写真は走査型電子顕微鏡によるハエの複眼です。ちなみにフックは、多芸多才の人で、なにかとニュートンと論争し、張り合っていました。そのためニュートンはフックを嫌い、フックの死後、ロンドン王立協会（イギリスの学会。フックは協会の実験監督）にあった肖像など、フックを思い出させるものはすべて処分したと言われています。

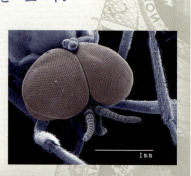

レーウェンフックについて教えて。

A 世界ではじめて顕微鏡で微生物を観察し
「微生物学の父」と言われています。

レーウェンフックは、専門教育を受けませんでしたが、織物商を営みながら自作の顕微鏡で、さまざまな発見をしています。作った顕微鏡は500個とも言われていますが、現在は10個も残っていません。最高で500倍に達したと推測され、1683年にはバクテリアを発見しています。フックは、オランダでは認められなかったアマチュアのレーウェンフックに対して、公平で親切な扱いをし、その全集を当時の学会用語であったラテン語で出版しました。後にレーウェンフックは、ロンドン王立協会の会員になっています。

レーウェンフックの1枚レンズの顕微鏡。長さは10cmもありません。

レーウェンフックの顕微鏡で見たいろいろな動物の精子。レーウェンフック画。

レーウェンフックが顕微鏡を使用している肖像画。

 レーウェンフックについてもっと教えて。

A フェルメールの遺産管財人になっています。

「真珠の耳飾りの少女」などで知られるオランダの画家のフェルメールとは同郷で、フェルメールの死後、その遺産管財人になっています。

ロバート・フック(1635～1703年)と**アントニ・レーウェンフック**(1632～1723年)

顕微鏡で見たミクロ世界を本格的に発表したのは、イギリスのロバート・フックです。フックの顕微鏡は50倍程度でしたが、植物には細胞と呼ばれる小部屋があることなどを発見しました。しかし、オランダのアントニ・レーウェンフックは、より倍率の高い顕微鏡をつくり、さらに小さな世界を明らかにしました。右は、現代に描かれたフックの想像画です。フックの肖像画は1枚も残されていないため、フックは歴史からいったん忘れ去られてしまいます。

79

イギリス南部のライム・レジスにあるジュラシック・コーストと呼ばれている
世界自然遺産の海岸。写真右下はアンモナイトの化石を含んだ岩です。

Q

ホモ・サピエンスって
どういう意味?

A
「知恵ある人」という意味です。

「分類学の父」と呼ばれるリンネが考案した「属名+種小名」による生物種の表し方で、「ホモ属のサピエンス種」であることを示しています。

Q ホモ・サピエンスってどういう意味？

植物や動物の命名法を考え、整理分類した人がいました。

スウェーデンのカール・フォン・リンネは「分類学の父」と呼ばれ、「二名法」という生物種の表し方を考案しました。生物に「属名」と「種小名」という2つの名をつけて分類する方法です。これによって、種の表し方が学問的に正確なものとなりました。一般に動植物の「種名」とは、「属名＋種小名」のことで、これが学名となります。

Q 二名法ってなに？

A 苗字と名前のようなものです。

人の名前の場合、苗字だけ、名前だけでは、同姓、同名が頻繁に起きます。そこで、「姓＋名」で、個人を区別しています。生物も同じです。たとえばヒトの種名ホモ・サピエンスは、ホモが「属名」、サピエンスが「種小名」を表しています。

似た花を区別できる二名法

異なる花がすべて「ブルーベル」と呼ばれ、区別されないことがあります。二名法による名前があれば、混同は起きません。二名法による種名は概して難しくなりますが、あくまでも正確な分類が目的です。生物の種類は二名法によって学問的に厳密に区別することができるのです。

イギリスなど、ヨーロッパ各地で見られるブルーベルの森（ブルーベルウッドとして有名）。イングリッシュ・ブルーベルとも呼ばれますが、ここに咲いているのは二名法ではエンディミオン・ノンスクリプトゥムとなります。

ヤグルマギク(矢車菊、学名セントーレア・キアヌス)。リンネは、「春先に雨が少なかったせいで、ライ麦畑はヤグルマギクですっかり青くなってしまった(ファルグビグデンにて)」と、『ヴェステルヨートランドの旅』に書き残しています(1746年6月28日)。

リンネはほかにどんな仕事をしたの?

A たとえば、クジラが魚類ではないことを見抜きました。

クジラが哺乳類であることは、リンネの約2000年前に、古代ギリシアのアリストテレスがすでに示唆していました(P38)。しかし、リンネの時代にはその知識は失われ、クジラは大きな魚だと信じられていました。リンネは、生まれたばかりの子クジラが、へその緒と胎盤を引きずっている様子が描かれている絵を見て、クジラを哺乳類に分類し直しました。

カール・フォン・リンネ (1707〜1778年)

スウェーデンの植物学者。この世界を植物界、動物界、鉱物界の3界に分け、植物や動物などを分類し、系統的で合理的な命名法を考案しました。自身も生涯で、植物7700種、動物4000種を分類整理。何度もヨーロッパ各地を研究旅行し、新種の生物や薬草を探し、化石なども調べました。

カール・フォン・リンネは教えることも好きだった

リンネは教育に熱心で、大勢の学生を引き連れて野外観察によく出かけたそうです。その際、学生が大はしゃぎするので、住民から苦情も出ましたが、リンネの理念は「リンネ教育」として現在まで受け継がれています。

Q

地球の重さは
どうやって量るの？

JAXAの月探査衛星「かぐや」とNHKのハイビジョンカメラで撮影された月の地平線から昇る地球の動画の一部（2008年）。

A
万有引力を利用した
特殊な装置で量ることができます。

18世紀の終わり、イギリスの科学者ヘンリー・キャベンディッシュが実験で求めました。

Q 地球の重さはどうやって量るの？

自宅の敷地に作った密室で、地球の重さを量りました。

イギリスの科学者ヘンリー・キャベンディッシュは、
科学的研究の発表が少なく、何事にも慎重で控えめな人物と見られていました。
しかし科学に関しては、実に勤勉で大胆な部分がありました。
地球の重さを、世界で最初に量った人物として知られています。

どうやって地球の重さを量ったの？

A まず、密度を求めました。

大きな鉛の球と小さな鉛の球が万有引力によって引き合う様子を、密室の外から望遠鏡でのぞいて計測するという、非常に精密な実験でした。風の影響など、実験を台なしにする要素を取り除くため、外部遮断した密室が必要だったのです。その結果、当時はまだ確定していなかった、地球の密度を求めることに成功します。これは現代の測定結果と比べても遜色のない値でした。密度が分かれば地球の重さは計算で出すことができます。この研究は非常に精密な装置を使って現代でも続けられています（右ページ写真を参照）。

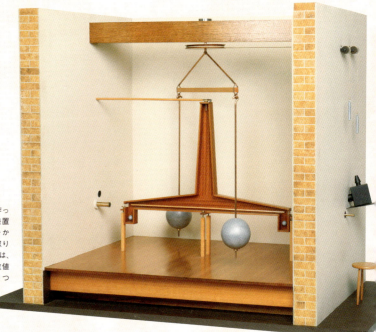

キャベンディッシュが作った地球の重さを量る装置の模型。中の様子が分かるように、手前の壁を取り外しています。右の壁には、中の様子を観測して数値を求める望遠鏡が取りつけられていました。

キャベンディッシュが私費を投じ、ロンドンのテムズ川で行った大規模な実験の様子。電気が流れるスピードを測る実験と言われています。大富豪のキャベンディッシュだからできた実験です。

Q2 地球の重さはいったいどのくらい？

A 約6,000,000,000兆トンです。

キャベンディッシュが実際に求めたのは、重さではなく、自然界の基本定数の1つ、「重力定数」です。重力定数を正確に求めることは非常に難しく、現在も、より正確な値を求めて実験が続けられています。右は、アメリカのワシントン大学の科学者チームが開発した実験装置です。キャベンディッシュは、当時の科学学会「ロンドン王立協会」の会員でしたが、協会報(『哲学会報』)には生涯に18編の論文を発表しただけでした。

この実験装置で、地球の重さは、約59億7224万5000兆トンであることが求まりました。

ヘンリー・キャベンディッシュ (1731〜1810年)

イギリスの大貴族で国王に次ぐ規模の財産を受け継ぎました。親戚筋は政界の大物ばかりで、本人はロンドン王立協会の会員であり、水素を発見したことで有名でした。しかし、極端な引っ込み思案で、完璧主義者のため、後に別人が発見した電気の法則の「クーロンの法則」や「オームの法則」、化学の「気体の法則」などは、先に発見していたにもかかわらず、発表しませんでした。

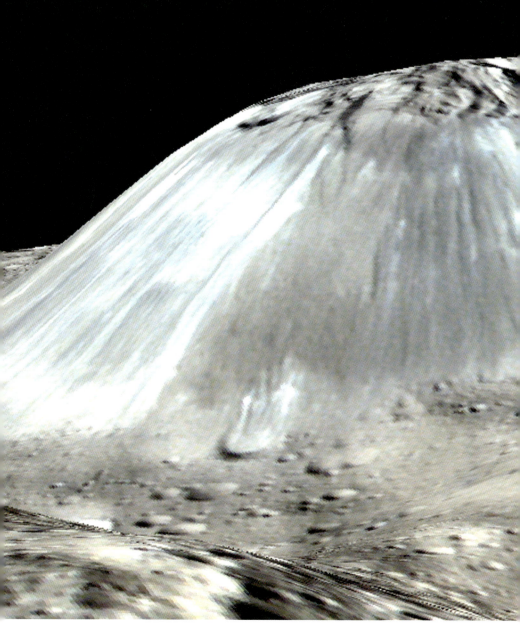

Q
数学は科学にどう役に立つの?

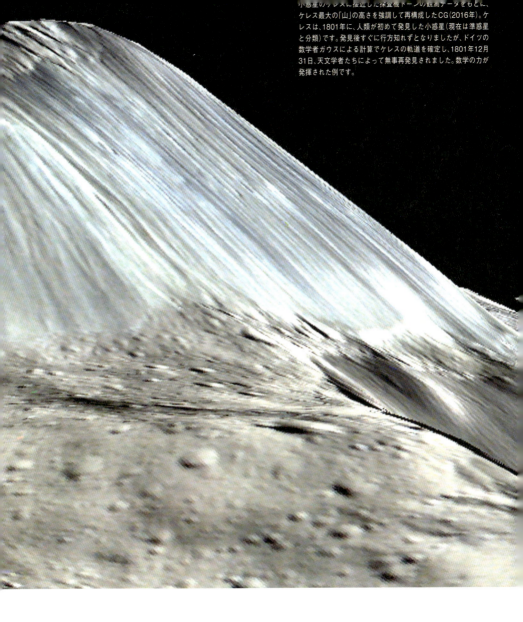

小惑星のケレスに接近した探査機ドーンの観測データをもとに、ケレス最大の「山」の高さを強調して再構成したCG (2016年)。ケレスは、1801年に、人類が初めて発見した小惑星 (現在は準惑星と分類) です。発見後すぐに行方知れずとなりましたが、ドイツの数学者ガウスによる計算でケレスの軌道を確定し、1801年12月31日、天文学者たちによって無事再発見されました。数学の力が発揮された例です。

A
小惑星の軌道計算など、
科学には数学が欠かせません。

> Q 数学は科学にどう役に立つの？

科学の研究対象は自然現象、ときに数学を道具にします。

ダ・ヴィンチやガリレオは、自然を理解するうえで、
数学が役に立ち、重要であることを説いています。
またニュートンは、新しい数学をつくり、
それを応用して近代科学の扉を大きく開けました。
科学と数学は、よきパートナーであると言ってよいでしょう。
そして現代文明は、高度な数学を駆使した科学によって形成されてきました。

Q ガウスはどんな研究をしたの？

A 数学のほか、天文学や物理学です。

ガウスが生きていた時代、数学に才能のある学者は、大学教授になるか王侯貴族のお抱え学者として生計を立てていました。ガウスもドイツの大貴族に仕えていましたが、小惑星ケレスの軌道を確定したことによって、ゲッチンゲンの天文台長になっています。ガウス自身は大学教授になったことはなく、ゲッチンゲンの天文台で仕事をしながら、物理学や数学の分野で画期的な業績を残しました。

2015年、アメリカの重力波望遠鏡ライゴはブラックホール連星からの重力波を初めて検出しました。重力波が存在することは、高度な数学を駆使した一般相対性理論でアインシュタインが100年も前に予言していました。ただ重力波はとても微弱なので超精密な機器でなければ感知できなかったのです。

Column **ガウスを救った女性数学者?**

フランスの女性数学者ソフィー・ジェルマン（1776〜1831年）は、ルブランという男の偽名で、以前からガウスと数学上の文通を続けていました。1807年頃、ドイツとのナポレオン戦争によって、ガウスのいた地域はナポレオン軍に占領されてしまいました。ソフィーはガウスを心配し、ナポレオン軍の将軍に安否を確かめてもらいます。このとき、ルブランの正体が、女性であることを将軍が明かしました。そしてガウスはソフィーに手紙を書き、その数学的才能と努力をほめたたえました。ソフィーが、ガウスの安否を心配した理由は、アルキメデスの悲劇的な最期を思い出したからと言われています。

Q2 ガウスはほかになにをしたの？

A 火星人に信号を送ろうと提案しました。

19世紀、火星には知的生命が存在していると信じられていました。ガウスは、数学は宇宙共通の言語だから、数学の定理を信号化して送れば、理解してもらえると考えました。多くのランプで「ピタゴラスの定理」を表す大きな図形をシベリアの大地に作れば、火星人が望遠鏡で観測するだろうと考えたのです。この提案は実現しませんでしたが、1974年にアメリカの天文学者が25,000光年先のM13銀河に向けて、数学を使ったメッセージを電波で送信しています。

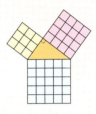

ピタゴラスの定理を表す図。

Q3 数学がよく使われている分野は？

A 物理学です。

高度な数学がよく使われている分野は物理学です。たとえば、ガウスなどが発見した非ユークリッド幾何学は、その後、リーマン幾何学として発展して、1916年、ブラックホールの存在を予言した、アインシュタインの「一般相対性理論」として結実しました。重力波の存在もこの一般相対性理論から導かれました。高度な数学を駆使した物理学の理論的な予言は、巨大な観測施設を建設して2015年に検出に成功して、証明されました。2017年、貢献した3名の物理学者にノーベル物理学賞が授与されました。

ライゴはアメリカ合衆国のハンフォードとリビングストンという3,000km離れた2か所に設置され、この2基を使用して重力波を検出しました。

カール・フリードリヒ・ガウス（1777〜1855年）

ドイツの数学者。発見後に行方不明になった小惑星ケレス（現在は準惑星）の軌道を計算で求め、その軌道上で再発見されました。この業績でガウスは、ゲッチンゲンの天文台長となり、生涯そこにとどまり、天文学、数学、物理学などの科学に重要な貢献をしました。19世紀最大の数学者の1人で、ガウスの名前のついた定理や理論はたくさんあり、科学の発展に寄与しました。ガウスは小学生のころ、「1から100まで足すといくつ?」という先生からの問題を一気に解いたそうです。

Q 雷の電気は利用できないの？

桜島（鹿児島県）と雷。

A
残念ながら、できません。

雷は一瞬で終わる現象です。雷の電気を利用するためには、蓄電池に充電する必要がありますが、いまのところ、その技術はありません。

Q 雷の電気は利用できないの？

積乱雲中の上層と下層に電気がたまって雷は起きます。

雷は、電気とはいっても摩擦などで生じる静電気です。積乱雲は上層がプラス、下層がマイナスの電気を帯びますが、この電位に差が生じると、プラスからマイナスの電気に向かって電気が一気に流れます。これが稲妻、つまり雷の正体です。

① 雷の電気の大きさはどれくらい？

A 一般家庭の電気を10日間以上まかなえるほどの大きさです。

1回の雷で、数万～数十万アンペアの電気が流れ、1～10億ボルトの電圧が生じると言われていますが、時間にして1000分の1秒の出来事です。

② 電磁誘導の法則ってなに？

A 磁気から電気が生じる現象です。

1831年、ファラデーは銅線でコイルを2つ作り、ある実験をしました。一方のコイルに、もう一方のコイルで作った電磁石を出し入れすると、大きなコイルに瞬間的に電気が流れることを発見したのです。これは「電磁誘導の法則」とも呼ばれています。ちなみに、電気から磁気が生じることは、デンマークのハンス・クリスティアン・エールステッド（1777～1851年）によって、1820年に発見されていました。

ファラデーの実験図。Aは電池をつなげて電磁石となったコイル。BはBに電磁石Aが出し入れされるコイル。CはBにつなげた電流計。Aの出し入れによってCの電流計が動いて、Bに電気が生じることが証明されました。

Column 成層圏の妖精、レッドスプライトとは？

レッドスプライトは、超高層雷放電と言われる発光現象の一種で、雷とは異なりますが、雷（雷放電）に付随して発光すると考えられている、とても珍しい現象です。普通の雷は、夏季には高度3～5kmで発生し、冬季は300～500mで発生します。これに対し、レッドスプライトは、高度約50～80kmで発光し、鉛直方向の大きさは20km程度、水平方向の大きさは数km～70km程度になると言われています。写真のレッドスプライトの下で白く光っているのは、メキシコ南部で起きている雷によるものです。全体的に写真がぼやけているのは、国際宇宙ステーションが動いているためです。

国際宇宙ステーションに搭乗した宇宙飛行士がとらえた赤い光のレッドスプライト（2015年）。

都市上空であばれる雷。

Q3 家庭用の電気ってなに？

A 交流の電気です。乾電池などは直流です。

電気には、「直流」と「交流」の2種類があります。直流は、流れの向きや大きさ（電流）、勢い（電圧）が変化しません。スマホなどの電池は直流です。一方、交流は、流れの向き、電流、電圧が交互に変化しています。コンセントにさして使う電気製品が、プラグをどちらの向きにさしても使えるのは、交流用の電気製品だからです。

国際宇宙ステーションから撮影されたイタリア周辺の夜景

マイケル・ファラデー（1791〜1867年）

家庭が貧しく、小学校も中退していますが、努力を重ねて世界的な科学者となりました。化学と物理学で多くの業績を上げていますが、1831年、磁力の変化によって電気が生じる「電磁誘導の法則」という重要な発見をしました。これが今日の電気の時代につながっているのです。

マイケル・ファラデーの予言？

ファラデーは、とてもウィットのある人だったと言われています。あるとき、当時の大蔵大臣がファラデーに「君の電気の研究は何の役に立つ？」と聞いたところ、「閣下、将来はきっと課税できるようになります」と答えたそうです。

Q
歴史に残る
科学的発見は
どうやって
生まれるの？

A
忍耐強く
実験と観察を
繰り返して、
生まれた
発見があります。

19世紀半ば、グレゴール・メンデル神父は、修道院の庭でエンドウマメを注意深く栽培し、何年間も花や豆の様子を観察しながら交配実験を繰り返しました。そして遺伝の法則を発見したのです。

エンドウマメの花。

Q 歴史に残る科学的発見はどうやって生まれるの?

研究成果が認められたのは発見してから35年後でした。

メンデルはまず、いろいろな特徴を持ったエンドウマメを自家受粉によって純系栽培しました。
次に、異なる特徴をもつ純系どうしをかけ合わせると、どんな特徴をもったエンドウマメとなるかを研究。
こうしてメンデルは、遺伝の仕組みを突き止めたのです。
メンデルの研究は発表してから35年間認められませんでした。

Q 純系をつくる発想はどこから?

A 遺伝的特徴が変わらず、遺伝の様子が調べやすくなるからです。

純系は、その子孫も、もとからあった特徴が変わりません。たとえば、豆の皮がすべすべした純系、しわがある純系といった特徴は、自家受粉で子どもができても変わりません。しかし、異なる特徴をもつ純系どうしをかけ合わせると、変わってきます。できた子どもの豆を調べて、皮がすべすべした豆としわがある豆がどういう比率で生まれるのかなど、メンデルは交配実験を忍耐強く、丹念に行って遺伝の法則を発見したのです。

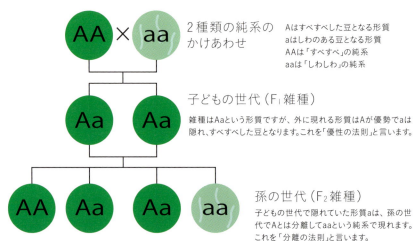

2種類の純系のかけあわせ
Aはすべすべした豆となる形質
aはしわのある豆となる形質
AAは「すべすべ」の純系
aaは「しわしわ」の純系

子どもの世代（F_1雑種）
雑種はAaという形質ですが、外に現れる形質はAが優勢でaは隠れ、すべすべした豆となります。これを「優性の法則」と言います。

孫の世代（F_2雑種）
子どもの世代で隠れていた形質aは、孫の世代でAとは分離してaaという純系で現れます。これを「分離の法則」と言います。

上図では表していませんが、豆のしわのあるなしと、豆の色が緑色か黄色かという形質は、独立した形質で、遺伝的に互いに影響しません。これを「独立の法則」と言います。

皮がすべすべした豆の遺伝子をAとすると、純系の豆はAを2つもつAAとなります。しわがある豆の遺伝子をaとすると、純系の豆はaaという遺伝子になります。これらをかけ合わせると、子ども世代の豆の遺伝子は、Aaとなります。同じように孫世代では、AA、Aa、Aa、aaという遺伝子をもつ豆ができます。こうして発見されたメンデルの遺伝法則は「優性の法則」「分離の法則」「独立の法則」の3つからなっています。

エンドウマメの花と、豆の入ったサヤ。

Q2 メンデルの研究が、35年も認められなかったのはなぜ？

A 当時としては、先進的すぎたからです。

1865年、メンデルは研究結果をブルノの自然研究会で発表し、翌年同研究会の雑誌に論文も発表しましたが、なんの反響もありませんでした。また当時の細胞学の権威である学者にも論文を送りましたが、数学が使われていたため、その内容が理解されなかったと言われています。メンデルの論文は、1900年に3人の学者たちに再発見されるまで埋もれていました。3人が発見した法則は、「遺伝の法則」としてすでにメンデルが35年前に発表していたことが明らかになり、メンデルの研究は死後に認められる形となったのです。

グレゴール・メンデル （1822〜1884年）

チェコ生まれ。1847年、チェコ・ブルノの修道院の司祭となり、生活の心配をしなくて済むようになったことで自然科学の研究に打ち込むようになります。修道院の庭でエンドウマメを栽培してその交配実験をし（1856〜1868年）、その結果を1865年に「遺伝の法則」として発表しました。遺伝学の父とされていますが、画期的な業績だと認められたのは、死後の1900年のことでした。

グレゴール・メンデルは、時代の先を行ったアマチュアだった

メンデルは、1868年に修道院長となり、以後エンドウマメの交配実験をしていませんが、気象観測を続け、死後は気象学者として知られていました。

世界を変えた科学の絶景 4
月に残した人類の足跡

1969年、アポロ11号の月着陸船に搭乗したアームストロング船長は、人類として初めて、月の大地にその足跡を刻みました。1969年は、人類の祖先がアフリカの大地に足跡を残して約360万年、ガリレオが望遠鏡で月の姿を暴いて約360年に当たります。月には風も水流もありませんから、小さな隕石などが直撃しない限り、この足跡は長期間にわたって残される可能性があります。

Q
科学者はどんなときに
新発見をひらめくの？

A
夢でひらめいたという
科学者もいます。

アウグスト・ケクレは、ベンゼンを構成している炭素原子がそれまでに知られていなかった配列をしていることを発見しました。この発見はストーブの前でうたた寝をしているときに、見た夢がヒントとなったと、ケクレ自身が1890年の講演で述べています。

早朝に噴煙を上げる桜島と鹿児島湾。ベンゼンはイギリスのファラデーが鯨油から発見しました（1825年）。自然界では火山の噴火や森林火災でも発生します。

科学者はどんなときに新発見をひらめくの？

新発見のひらめきは、準備された心にやってくる。

これは「幸運は準備されたところにしか訪れない」という、フランスの細菌学者ルイ・パスツール（1822〜1895年）の言葉をもじったものです。ケクレはいつも化学の難問を考え、解決しようと努力していたからこそ、ベンゼンの構造について夢でひらめいたのでしょう。

ケクレの夢って、どんな夢？

A 蛇が自分のしっぽを追いかけまわしている夢でした。

ケクレは、ベンゼンを作っている6個の炭素原子が、どうつながっているのかと悩んでいました。研究に疲れてストーブの前でまどろんでいたとき、蛇が自分のしっぽを追いかけて、ぐるぐる回転している夢を見ます。ケクレは「これだ！」と思い夢から覚め、6個の炭素原子がぐるっと輪を描いてつながる構造を書きました。六角形の亀の甲のような構造をした「ベンゼン環」を論文で発表し、これをきっかけに有機化学は大きく発展したのです。

 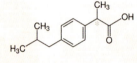 

ベンゼン環を持つ構造をした薬の例。左はよく使用されている鎮痛薬の「アスピリン」。右2つは「イブプロフェン」という鎮痛薬の、構造式と分子模型。これらは、ベンゼン環（六角形の部分）を持つ化合物の代表例です。

 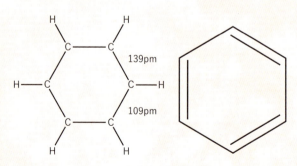

蛇が自分のしっぽをくわえようとする図は、古来さまざまなところで象徴として使われてきました。上は15世紀ころの「錬金術」の本に描かれた図。錬金術は、近代化学のさきがけとしてさまざまな物質を扱う秘術の一種で、かのニュートンもその研究に精を出していました。

右は、ケクレの構造式で、ベンゼン環の炭素記号を省いて炭素原子のつながり方だけを示したものです。左は、ベンゼン環では炭素原子（C）がどうつながっているのか、水素原子（H）はベンゼン環とどうつながるのかを表した模式図です。図中のpmは、長さの単位で「ピコメートル」と読み、1兆分の1mを表しています。

神奈川県の江の島近くの鵠沼海岸に現れた「夜光虫」による発光現象。夜光虫の発光は、「ルシフェリン」と言うベンゼン環を持つ物質が発光する現象で、ホタルもルシフェリンを持っています。これらを「生物発光」といいます。

② ベンゼン環を実際に見ることはできないの？

A 顕微鏡で見ることができます。

下の図は、ペンタセンという有機化合物の分子が、ベンゼン環が5個つながってできている様子を表したものです。右の2枚のモノクロ写真は、アメリカの科学誌『サイエンス』に掲載された、ペンタセンの立体的な分子模型（上）と、実際の分子の顕微鏡写真（下）です。

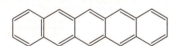

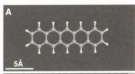

アウグスト・ケクレ （1829〜1896年）

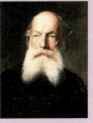

ドイツの有機化学者。有機化学の基礎を作り上げて、炭素原子を多数含んだ、さまざまな有機化合物の構造を明らかにしました。炭素原子が鎖のようにつながる構造は、ロンドンの馬車の中でまどろんだときに見た夢で、環状の輪になってつながる構造は、ストーブの前でまどろんで見た夢でひらめいたと言われています。

アウグスト・ケクレの夢はおとぎ話か

夢がヒントとなって大発見をしたと、ケクレ本人が講演などで述べています。ケクレによる作り話とする説もありますが、それこそ「夢のない話」になってしまいます。夢の話は別として、ベンゼン環の発見が有機化学の発展に大きく寄与したことは間違いありません。

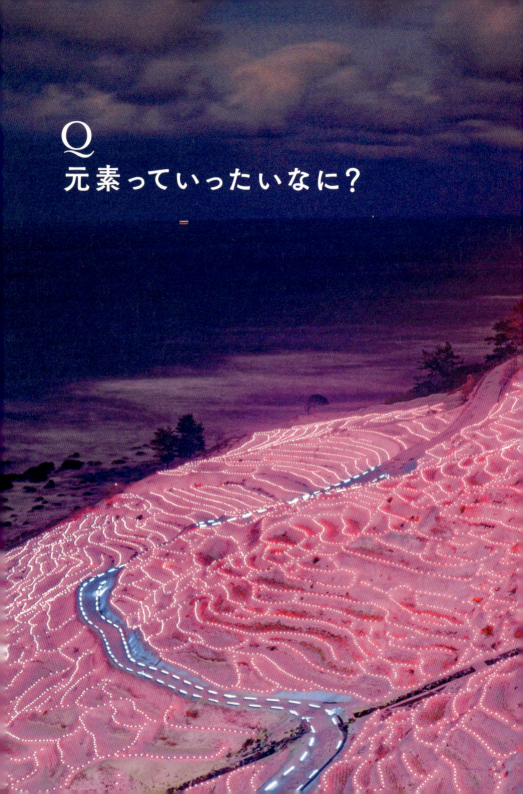

Q
元素っていったいなに？

石川県輪島市の白米千枚田で行われている「あぜのきらめき」というイベント。光源は、電圧を加えると、光を発する発光ダイオード(LED)という半導体素子です。LEDはガリウムという元素の化合物などからできていて、青、赤、緑の光の3原色が作れます。

A 宇宙すべての物質の大元となる物質です。

物質はすべて「元素」と呼ばれる基本的な要素からできています。元素は一覧表にできるくらいの数しかなく、それらの組み合わせから無数の物質ができます。

Q 元素っていったいなに？

古代ギリシアの時代、元素は、火・土・水・空気の４つでした。

この4元素説は18世紀半ばまで信じられていました。
現在では、すべての物質は何種類かの元素が
集まってできていることが分かっています。

元素はどうやって区別しているの？

A 原子番号で区別します。

1個の原子は、中央にある1つの原子核と、そのまわりにあるいくつかの電子からできています。原子核はプラスの電気（電荷）をもつ陽子と電荷をもたない中性子からできていて、電子はマイナスの電荷をもっています。ふつう原子は、陽子と電子の数が同じで、原子自体は電荷をもちません。原子番号は陽子の数のことで、その数で元素を区別します。これが原子番号です。

元素周期表
表内の各元素の上にある数字は原子番号、英字は元素記号を表しています。

Column 古代ギリシアの元素論と原子論

古代から中世まで、「元素」とは、万物（物質）の根源にある究極的要素のことを指し、現在とはまったく違うものを指していました。その究極的要素とは、火、土、水、空気の4種で、古代ギリシアでは「四大元素」と呼ばれ、アリストテレス（前4世紀）がその理論を完成させました。一方、デモクリトスは、物質の根源は、壊すことも分けることもできない「原子」であり、それらが無数に集まって、「空虚」の中を飛び回って世界を構成しているとしました。四大元素論が放棄され、原子論が新しい姿でよみがえったのは、18世紀以降のことでした。

デモクリトス（前460年頃〜前370年頃）は、古代ギリシアの哲学者で、「原子論」を唱えました。

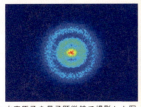

水素原子を量子顕微鏡で撮影した写真。中心に陽子1個の原子核があり、そのまわりを電子1個が回っています。
Image Credit: APS/Alan Stonebraker

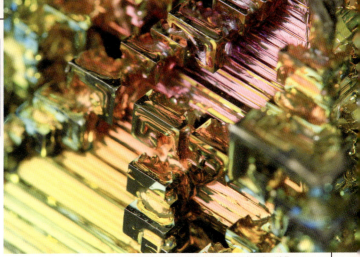

原子番号83、ビスマス元素の虹色の人工結晶。

Q2 中性子ってなに？

A 原子を構成する要素の1つとなる粒子です。

普通の水素には中性子がありませんが、中性子が増えることがあり、1つ増えるとデューテリウム（重水素）、2つ増えるとトリチウム（三重水素）という名前に変わります。原子核の陽子と中性子の数の合計をその元素の質量数と言います。したがって、水素は質量数1、重水素は質量数2、三重水素は質量数3になります。同じ元素でも質量数が違うものを「同位元素」と言ったり、「同位体」と呼んだりします。

Q3 周期表ってなに？

A 元素を重さの順に並べたものです。

元素の重さのことを原子量と言います。原子量は炭素の重さを基準として測ります。たとえば、炭素を12.01とすると、水素は1.008となり、炭素は水素の約12倍の原子量となります。メンデレーエフはこうして元素を原子量の順に並べていくと、似た性質の元素が周期的に現れることに気づきました。当時の周期表には、アルミニウムの下には元素がありませんでしたが、そこに似た元素があるはずだとして、空欄にしておきました。その後、そこに入るべき新元素のガリウムが発見されたのです。

アメリカのIBM社は顕微鏡で原子を1億倍に拡大し、1分半ほどの、世界最小の映画を製作しました。

ドミトリ・メンデレーエフ （1834〜1907年）

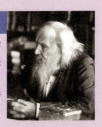

当時63種類ほど知られていた元素を調べて、性質や重さに周期があることに気づきました。そこで1869年、その結果を周期表として発表。メンデレーエフは周期表の欠けている部分には、そこを埋める新しい元素があるに違いないと予測し、その後、次々と新元素が見つかり、周期表は正しいことが証明されたのです。1955年101番目の元素が発見され、メンデレーエフから「メンデレビウム」と命名されました。こうして現在のところ、118種類の元素が確認されています。

109

Q 人類が宇宙に行く夢はいつ始まったの？

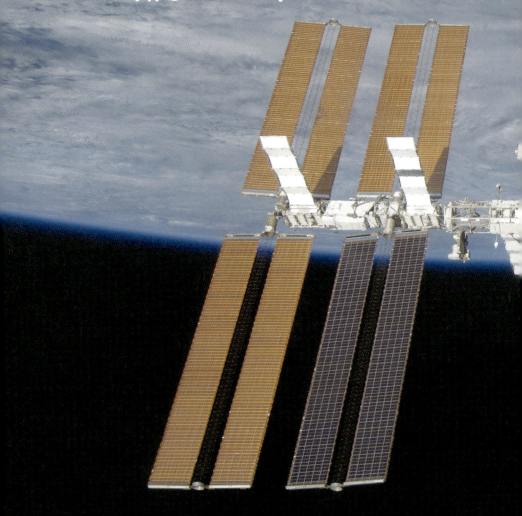

2009年3月、スペースシャトル・ディスカバリーから撮影した国際宇宙ステーション。高度約350kmの宇宙空間の軌道上にあり、約90分で地球を1周しています。

A
19世紀の終わりころです。

1608年、ケプラーは『夢』というタイトルの月旅行物語を手稿として発表し、当時大評判となりました。1865年には、フランスのジュール・ヴェルヌが『地球から月へ』というSF小説を発表。これらの夢に、実現可能な青写真を与えたのが、ロシアのツィオルコフスキーでした。

Q 人類が宇宙に行く夢はいつ始まったの？

人類が月面に降り立ったのは、ツィオルコフスキーのおかげです。

1897年、ロシアのツィオルコフスキーは、ロケット推進の基本公式を発表しました。高速ガスを後方に噴き出し、その反作用でロケットが推進する数学的な原理です。月へ行くには、さらに多段式のロケットが必要であることを示しました。

① どうやってその公式を導いたの？

A 物理の法則に数学を応用して導きました。

打ち上げ前のロケットの質量（M）は、ロケット本体の質量と推進剤（燃料と酸化剤）の質量の合計です。打ち上げ後、推進剤が消費されて速度を増していき、同時に推進剤の質量も減っていきます。ツィオルコフスキーが求めたのは、「推進剤が減ってロケットの質量がmになるとき、どれだけ速度（V）が増しているか」ということです。ツィオルコフスキーはニュートンの運動法則に、ニュートンが発明した「微積分」を応用して答えを出しました。

その公式をひもとくと

$$V = w \log \frac{M}{m}$$

Vはロケットの到達速度、wは燃料を燃やしてできたガス噴射速度、Mは最初の質量、mは推進剤が減った後のロケットの質量です。logは、M/mの対数をとるという数学的操作です。この公式が示しているのは、ロケットの速度は、最初の質量と推進剤噴射後の質量との比で決まるということです。見かけは難しいのですが、内容はシンプルです。

② 公式からどんなことが分かるの？

A ロケットの最終的な到達速度が分かります。

推進剤を積んだロケットは、燃料を燃やし後方に噴射して、その反動で進みます。ロケットのはじめの質量と推進剤を消費したロケットの質量の比が大きいほど、また燃料ガスの噴射速度が大きいほど、到達速度は大きくなるということが公式から分かります。

Column 月のツィオルコフスキー？

月面には多くのクレーターがあり、それらには過去の科学者の名前などがつけられています。1959年、ロシア（当時はソビエト連邦）は、月を周回する衛星ルナ3号で、はじめて月の裏側の撮影に成功しました。そのとき、特徴のある大きなクレーターを発見し、「ツィオルコフスキー・クレーター」と命名しました。右の写真は1970年、3度目の月着陸を目指したアポロ13号から撮影されたツィオルコフスキー・クレーターです。ちなみに、アポロ13号はトラブルのため、月に着陸しないで地球に帰還しました。

1969年7月、アメリカのアポロ11号は、人類史上初めての月着陸に成功します。船長のアームストロング飛行士は、月着陸船から月面に降り立つとき、「この1歩は、1人の人間には小さな1歩だが、人類にとっては大きな飛躍だ」と世界に向けて発信しました。

Q3 月へはどんなロケットで行ったの？

A サターンV型という巨大な3段式ロケットです。

サターンV(5)型は、全長110.6m、総重量2721トン、直径10mという巨大ロケットでした。これはツィオルコフスキーが提唱した多段式ロケットの一例で、3段式でした。ロケット上部に司令船があり、その下に着陸用の月着陸船を接続していました。

コンスタチン・ツィオルコフスキー （1857～1935年）

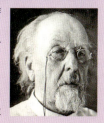

ロケット研究者。ロケットや宇宙船、宇宙旅行の具体的な設計図や青写真を作り、実際に宇宙に行けることを証明しました。「宇宙旅行の父」と呼ばれています。独学で数学や物理などを学び、19歳で数学教師の資格を得て、故郷の中学で教師となりました。教師をしながら宇宙旅行の研究を続けましたが、数学や物理・化学の知識は、その研究に欠かせないものでした。

コンスタチン・ツィオルコフスキーの途方もない想像力

ツィオルコフスキーは、ロケットを使わないで宇宙へ行く装置も考案しています。軌道エレベータと呼ばれ、現在も日本やアメリカで研究されています。スペースコロニーも宇宙ステーションもイオンエンジンもソーラーセイルもすべて彼のアイデアです。

Q
エネルギーって そもそもなに？

ハワイ諸島、キラウエア火山の噴火口。吹き出している溶岩の温度は約1200℃で、色は赤から黄色っぽく見えます。この色の変化の研究からエネルギーの最小単位である「量子」が発見されました。

A
「仕事」ができる能力を表す言葉です。

熱エネルギー、光エネルギー、電気エネルギーなどに分類されますが、すべてをひっくるめてエネルギーと言っています。

Q エネルギーってそもそもなに？

エネルギーの最小単位は、物理学に革命を起こしました。

プランクが量子を発見するまでは、エネルギーの量は、連続的に変化するとされていました。ところがプランクは、「どんなエネルギーも量子の整数倍となること」を発見し、エネルギーには、お金のように最小単位があることを示したのです。

① 「量子」という言葉は、エネルギーって感じがしないんだけど？

A 最小エネルギーであると同時に、極微の「粒子」も表しています。

極めて小さな世界では、物質とエネルギーを厳密に区別することに実は意味がありません。想像しにくいかもしれませんが、物質はエネルギーであり、エネルギーは物質でもあるからです。「量子」という言葉は、エネルギーと物質、2つの意味を兼ね備えているのです。

② 量子についてもっと教えて。

A 電子や陽子も量子です。

原子を構成している電子・中性子・陽子も量子です。ほかに、光の粒子である「光子」やニュートリノ、クォーク、ミューオンなどといった素粒子も量子に含まれます。

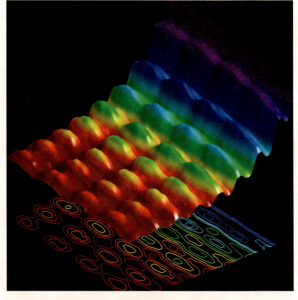

波であり粒子でもある光の量子を世界で初めて撮影に成功した写真（スイス連邦工科大学ローザンヌ校 EPFL 2015年）。

量子のサイズは？

A ナノサイズです。

量子の世界は、電子や陽子のサイズのナノサイズ（1mの10億分の1）、あるいはそれよりも小さな世界です。

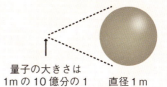

量子の大きさは 1mの10億分の1　　直径1m

 量子の世界の法則は？

A 量子力学という不思議な法則です。

極めて小さな量子の世界では、「量子力学」という、不思議な法則が働きます。たとえば、1個の電子が同時に2か所を通るとか、エネルギーの壁をするっと通り抜けてしまう「トンネル効果」など、量子はまるで「忍者」のような振る舞いをするのです。

物質
100以上のエネルギーだと越えられる
100以下だと越えられない
100

素粒子
100でなくても反対側へ通り抜ける

 量子ってなんの役に立つの？

A パソコンやスマホに応用されています。

現代社会を支えているさまざまなテクノロジーは、量子の力によって成り立っています。身近なスマホやパソコンは、量子を応用した技術の典型的な例です。

マックス・プランク（1858〜1947年）

ドイツの物理学者。溶鉱炉の温度とそこから出る光の色（波長）の関係を調べているうちに、光のエネルギーには、一定の最小単位があることに気がつき、それを「量子」と名付けました（1900年）。当時、光は波と考えられていましたが、アインシュタインは、1905年の論文で、「光は量子」、つまりエネルギーの粒の流れでもあることを明らかにしました。

マックス・プランクは音楽家になりたかった？

プランクは、子どものころ、音楽家を目指すほどのピアノの才能がありましたが、科学者の道を選び、1918年にノーベル物理学賞を受賞しました。

Q
放射線と放射能は、どう違うの？

嵯峨野(京都府)の蛍。

A
たとえるなら
放射線は蛍の光で、
放射能は蛍の発光能力です。
さらに蛍そのものは、放射性物質にたとえることができます。

放射線と放射能は、どう違うの？

放射線は、眼には見えない小さな粒子や光のなかまです。

小さな粒子の放射線であっても、光の放射線であっても、眼で見ることができないので、恐ろしく感じるかもしれません。自然界には多くの放射線がありますが、そのほとんどが心配はいりません。放射性物質は自然界にも人工物にもありますが、注意深く隔離することができれば安全な存在です。

Q1 放射線はどのくらい危険なの？

A 一度に大量に浴びれば危険ですが、通常は安全です。

私たちは毎日微量の自然放射線（平均2.4ミリシーベルト）を浴びて被ばくしているとされています。年1回の健康診断で胸部X線（0.06ミリシーベルト）撮影によって被ばくしても、問題ありません。

Q2 ミリシーベルトってなに？

A 受けた放射線量の影響を表す単位の1つです。

1シーベルトの1000分の1が1ミリシーベルトです。シーベルトは人が受ける被ばく線量の単位で、放射線を受ける人体に対して用いられます。一方、ベクレルという単位は、放射線を出す側の放射線量です。土や食品、水道水などに含まれる放射性物質の量を表すときに使われています。

※環境省ホームページの図をもとに作成

Column 放射線を利用した年代測定

放射線による年代測定には、いくつかの方法があり、放射性炭素年代測定は、その1つです。自然界では、放射性同位体の「炭素14（14C）」が、1兆個につき1個あります。これを基に年代を測定するのです。動植物は死ぬと炭素14Cの比率が変わり、少しずつ減少していきます。炭素14Cは5730年で半分になるので、そこから計算して遺物や遺跡の年代を推定するのです。

12Cは普通の炭素。14Cはその同位体。

スウェーデン南東部の都市ユースタッド近くの岬の崖上に、船底をなぞったように大きな石を並べて作られた遺跡（エール・ストーン・シップ）があります。放射性炭素（14C）による年代測定で、約1400年前に建造されたことが分かりました。

Q3 放射能を出す物質はなにか役に立つの？

A 遺跡の年代測定などに役に立ちます。

古代の遺跡や遺物の年代を測定したいときに、放射性物質を利用した年代測定が有名です。元素には同位体というものがあって、それが放射性物質となり、放射能を出しています。遺跡などの放射性物質の強さを測ることによって、年代測定が可能となるのです。

Q4 放射性物質はどのくらいあるの？

A 天然の元素では10種類あります。

ウランは有名ですが、ほかにキュリー夫妻の発見したポロニウム、ラジウムも放射性物質です。また、炭素14（14C）のように、元素には同位体というものがあって、その原子の原子核には、通常より多い中性子があります。これが放射性物質となることもあり、いろいろな粒子線や光線（電磁波）を放射線として出します。

マリー・キュリー （1867～1934年）

夫のピエール（1859～1906年）と協力し、1898年にウランの化合物からラジウムとポロニウムを発見しました。どちらも放射性物質なので、命がけの研究でした。放射能、放射線という言葉はキュリー夫人の発案で、夫妻はこの研究で1903年、ノーベル物理学賞を受賞しました。ちなみにキュリー夫人は、女性初のノーベル賞受賞者です。さらに1911年、ノーベル化学賞も受賞し、物理学と化学に貢献しました。

Q
ハワイが日本に
近づいているってホント？

ハワイ諸島の衛星写真。いちばん上のカウアイ島から
約6200km左斜め上方向に日本列島があります。

A
本当です。
毎年6㎝ずつ近づいています。

Q ハワイが日本に近づいているってホント？

否定された大陸移動説が、約50年後に復活しました。

1912年、アルフレッド・ウェゲナーは、当時のさまざまな最新科学とデータからドイツ地質学会で大陸移動説を発表しましたが、大陸が移動するメカニズムをうまく説明できなかったために、否定されてしまいます。
大陸移動説が復活したのは、ウェゲナーの死後、1960年代後半になってからでした。

Q 大陸移動説はどのように復活したの？

A プレートテクトニクス理論として復活しました。

プレートとは、地殻とマントルの上層部分を合わせた厚さ約100kmほどの重い岩盤です。地球表面には主なプレートが15枚あり、この上に大陸や島が乗っています。プレートはその重みによって、海溝などに沈み込みながら少しずつ移動します。対流するマントルに乗ったプレートが互いに動くことによって大陸が移動するとする理論、これがプレートテクトニクス理論です。

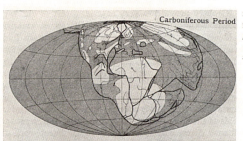

左図は、ウェゲナー著『大陸と海洋の起源』に掲載されている大陸移動の様子。ウェゲナーは第3版で分裂前の超大陸を「パンゲア」と名付けましたが、第4版では出てきません。初版は1915年に刊行。

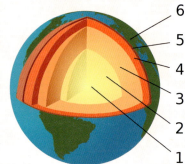

■地球の構造
①:内核、②:外核、③:下部マントル、④:上部マントル、⑤:地殻、⑥:地表。⑤と④の上部が合わさってプレートを構成しています。

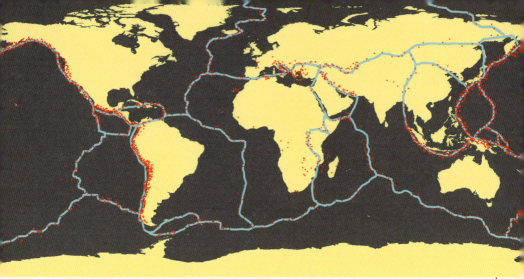

地球上のプレートとその境界（みず色の線）。赤い点は世界の地震多発地帯です。
地震の発生場所が、各プレートの境界と一致していることが分かります。

日本列島付近のプレート。東日本大震災は、太平洋プレートが日本列島の下に潜り込んだために起きたと言われています。

Q2 プレートが沈み込むとほかになにが起こるの？

A 地震が発生します。

プレートは海溝だけでなく、大陸の下へも沈み込みます。このとき沈み込んだ地殻がバネのように元に戻ろうとします。そのときに地震が起きるのです。

Q3 太平洋プレートは、どこへ向かって動いているの？

A 日本列島に向かっています。

太平洋プレートが日本列島の下に潜り込み、大きな地震や津波を発生させます。ハワイ諸島は、太平洋プレート上にあり、毎年6cmずつ日本に近づいています。

アルフレッド・ウェゲナー （1880～1930年）

ドイツの気象学者。1910年、イギリスを中心とした世界地図を見て、アフリカ大陸の西海岸線と南アメリカ大陸の東海岸線の形がもとはつながっていたかのように見えました。これがウェゲナーの大陸移動説のきっかけでした。大陸移動説は各大陸が地球表面をすべるように水平方向に移動するという説ですが、ウェゲナーはこのメカニズムを解明することができませんでした。

Q
ミツバチは
どうやって蜜のありかを知るの？

北アメリカ原産のユウゼンギク(キク科)の花に蜜を求めに来たミツバチ。

A
嗅覚と触覚、それに視覚で見つけます。

花は蜜があることを知らせるため、美しい色で飾り、臭いで昆虫たちにアピールします。嗅覚、視覚、触覚が敏感なミツバチは、花が咲くと遠いところからでも飛んできて、蜜をもらいます。その代わり、花は蜜をあげた昆虫によって受粉できるというわけです。

Q ミツバチはどうやって蜜のありかを知るの？

ミツバチが花を見つけると、巣に戻ってダンスを踊ります。

花を巣の近くに見つけて帰巣したミツバチは、
クルクルと輪を描きながらダンスをして、なかまに知らせます。
花が遠いところにあるときは、8の字を描くようにダンスして、
花までの距離と、花がある方角を知らせます。
この8の字ダンスはオーストリアの動物行動学者、フリッシュが発見しました。

Q 8の字ダンスで花の場所が正確に分かるの？

A 太陽が出ている方角をもとに知らせるため正確です。

輪を描くダンスは50〜100mの距離に花があるとき、8の字ダンスは100m以上の距離に花があるときに踊ります。ほかのミツバチもダンスに加わることで、なかま全員が花の場所を知ります。たとえ雲が出ていても、少しでも青空があれば、花の場所を間違えることはありません。また、花の場所に行くまでに障害物があったとしても、それを迂回して花に到着できます。

踊る時間によって、1秒間ならば1km先のように花までの距離が分かります。

αは太陽と花がある方向との角度を表し、8の字ダンスの真ん中のジグザグ線はミツバチの尻振りを示し、この秒数によって花までの距離が分かります。

Column ミツバチとスズメバチのバトル

日本の養蜂家が飼育しているのは、明治期にヨーロッパから輸入されたセイヨウミツバチが多く、スズメバチの攻撃にさらされると、ひとたまりもなく死滅してしまいます。ヨーロッパにはスズメバチが生息していないので、その攻撃をかわす方法を進化させなかったからと言われています。一方、ニホンミツバチは、スズメバチが巣に来ると、共同で防御に当たります。蜂球というものをつくってスズメバチを囲み、その中の熱を高めてスズメバチを蒸し殺してしまうのです。これは古来からニホンミツバチがスズメバチとバトルを繰り返しているうちに進化させた技で、「熱殺蜂球」と呼ばれています。

タンポポに群がって蜜を集めるミツバチたち。

②Q ミツバチは花の色が分かるの?

A 普通の色ではなく、紫外線が見えます。

ミツバチは人の目には見えない紫外線が見えますので、人とは違った色で花を見ています。紫外線で花を見ると、花びらには蜜のありかを教えるパターンができていて、確実に蜜のありかにたどり着けるようになっています。

菜の花(アブラナ科)。右は紫外線で見た同じ花です。
写真:福原達人(福岡教育大学教授)

カール・フォン・フリッシュ (1886~1982年)

オーストリアの動物行動学者。ドイツのミュンヘン大学でミツバチの研究をし、8の字ダンスや紫外線に鋭敏な感覚を持っていることなどを発見しました。1973年、オランダのニコ・ティンバーゲン、ドイツのコンラート・ローレンツとともにノーベル医学・生理学賞を受賞し、動物行動学という学問分野の創設に大きな功績を残しました。

Q
トウモロコシの実の色に
ほかの色が混ざるのはなぜ？

色とりどりの粒をもった外国産のトウモロコシ。粒が同色でないものもありますが、これは遺伝子が動いた結果です。

A
遺伝子が動いた結果です。

外国のトウモロコシには、さまざまな実の色をもつ種類があります。数種の色が混ざったものもありますが、病気ではなく、遺伝子が動いた結果なのです。

Q トウモロコシの実にほかの色が混ざるのはなぜ？

動かないはずの遺伝子が実は動いていました。

トウモロコシの実の基本的な色に、
ほかの色が混ざることを「斑入り」といい、
その原因はトランスポゾンが動いた結果です。
これを発見したのはアメリカのマクリントックでした。

① トランスポゾンってなに？

A ゲノム中を移動するDNAのことです。

遺伝情報をつくる物質が「DNA」で、DNA全体のことを「ゲノム」といい、DNAがつくる物質のうち、遺伝的に意味のあるものが「遺伝子」です。トランスポゾンはDNAのうちゲノムの中を動くもの。これが遺伝子の正常な働きを邪魔することがあり、トウモロコシの例では、その実が「斑入り」となるのです。

トランスポゾンと進化
トランスポゾンによって、よい結果を生む場合と、病気などの悪い結果を生む場合があります。ヒトを含む生物は、トランスポゾンの何百万年にもわたる働きで進化してきたと言われています。現在、ヒトの場合、DNAの99％以上は動くことがほとんどありませんが、一部は動いて悪い結果を生むことがあります。

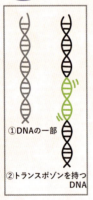
①DNAの一部
②トランスポゾンを持つDNA

②の中にあるトランスポゾンのコピーが①にジャンプする

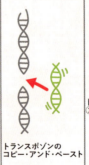
トランスポゾンのコピー・アンド・ペースト

トランスポゾンが①のDNAに侵入する

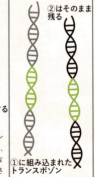
②はそのまま残る
①に組み込まれたトランスポゾン
トランスポゾンの入った①は、遺伝子の正常な働き方が邪魔される。

② トランスポゾンはいつ発見されたの？

A 1951年のことでした。

アメリカのマクリントックが結果の発表まで6年かけた研究成果でしたが、学会の聴衆は理解できず、失笑する学者もいました。1953年に論文として発表しますが、ほとんど反響はありませんでした。当時、DNAは動かないものとされていたので、マクリントックの「動く遺伝子」は、常識外れということで、受け入れられなかったのです。

マクリントックは、研究所の庭にトウモロコシ畑をつくり、トウモロコシを栽培しながら遺伝の研究を続けました。

Q3 トランスポゾンはいつ認められたの？

A 1960年代後半です。

1953年、ワトソンとクリックがDNAの構造をつきとめ、その後、分子レベルの研究により、遺伝学が急速に発展。1960年代後半になり「遺伝子は動く」ということが分子レベルで確認されたのです。

斑入りのアサガオもトランスポゾンが動いてできます。

バーバラ・マクリントック （1902〜1992年）

アメリカの生物学者で細胞遺伝学者。トウモロコシを用いた染色体の研究で遺伝の研究をし、その過程で動く遺伝子「トランスポゾン」を発見しました。この発見により1983年にノーベル医学・生理学賞を受賞しましたが、発見から30年も経過していました。

バーバラ・マクリントックは学生には慕われていた

学生からある女性教授についての愚痴を聞かされたとき、「忘れないで、私も女性教授よ」と言ったそうです。マクリントックが学生に慕われていたことが分かるエピソードです。

Q
ブラックホールって
ホントにあるの？

地球から6000光年にあるはくちょう座X-1は、チューリップ星雲の右上方向の「花びら」の近くにあり、その伴星は最初のブラックホールと認定された天体です。

A
たとえば、はくちょう座の首の
あたりにあります。

Q ブラックホールってホントにあるの？

ブラックホールになる星は、太陽の約30倍以上の重さ。

太陽の8倍以上の質量の星は、寿命が尽きると、
いったん収縮して最後にすさまじい爆発を起こします。
この爆発を超新星爆発といい、爆発後、中性子星やパルサーになります。
また、太陽の30倍以上の星が超新星爆発すると、
ブラックホールになると考えられています。

中性子星やパルサーってなに？

A 中性子星は中性子でできている星で、
パルサーはそのなかまです。

中性子星は、中性子だけでできている小さくて高密度な天体です。直径は20kmくらいですが重さは太陽くらいあり、角砂糖1個分の重さが約10億トンもあります。パルサーは、規則的なパルス状の電波やX線、可視光線などを発している天体で、中性子星が高速で回転したものです。

1968年、かに星雲から強力な電波が出ていることが分かりました。まるで灯台の光のように規則的だったので、当初は宇宙人からの通信かと騒がれました。詳しく観測すると、中心に小さな星があり、1秒間に30回という猛スピードで回転しながら電波を発していることが分かりました。電波を規則的なパルスとして発していたので、「かにパルサー」と名付けられました。

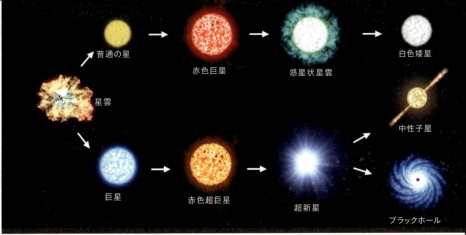

星の一生を太陽の重さを基準にして表した図。上は太陽くらいの重さの星がたどる運命で、下は太陽の8倍以上の重さの星がたどる運命です。

太陽の最後はどうなるの？

A 膨らんで巨大な星になったあと、小さく縮みます。

50億年後、太陽は膨らみ始め、火星あたりまで膨らんだ赤色巨星となると考えられています。その後、ガスを宇宙にばらまき、やがて小さな白色矮星となり、最後は輝きを失った黒色矮星になると考えられています。

スティーブン・ホーキング （1942～2018年）

イギリス出身。ブラックホールの性質や宇宙の始まりと終わりの真相などを理論的に研究しました。ブラックホールの存在はアインシュタインの理論から予測されていました。ブラックホールの中心と宇宙の始まりには、理論的計算が不可能になるシンギュラリティという時空の特異点が生じますが、ホーキングは特異点が生じない理論でブラックホールと宇宙の謎に迫りました。

スティーブン・ホーキングは好奇心と勇気の人だった

車椅子の天才ホーキングは、好奇心が強く、人をびっくりさせることも好きでした。車椅子で坂道を猛スピードで下るなど、数々のエピソードがあります。

世界を変えた科学の絶景 5
土星から見た地球は宇宙の宝石かゴミ粒か

2013年、アメリカの土星探査機カッシーニは約144億kmかなたの宇宙に浮かぶ土星から小さな地球と月(地球の右下のさらに小さな光点)の姿をとらえ、その画像を送信してきました。

Q
素敵な研究をした
日本人科学者を教えて。

大気の高層が氷点下15℃くらいになると、微細なほこりやちりを核
として水蒸気が集まり始めて成長します。それらは水分子が連なっ
て六角形状に集まり、結晶の形も六角形状となります。

A
中谷宇吉郎は
雪の結晶に一生を捧げました。

Q 素敵な研究をした日本人科学者を教えて。

雪は天から送られた手紙である。

これは雪の研究に一生を捧げた中谷宇吉郎の有名な言葉です。
中谷は、地球の気象を支配する要素は高空にあると考え、
「高空にあるまさに雪は地球の気象データを伝えてくれる手紙である」と表現しました。
ほかにも「雪の結晶は自然の女神が作った氷の細工物である」と言っています。
雪の結晶は昔から世界中の人々を魅了してきました。
中谷はその美しさに秘められた謎を世界で初めて科学的に解明したのです。

Q 雪の結晶と氷の結晶は違うの?

A 基本的な形は同じですが、大きさが違います。

雪の結晶は、大気の高層にある水蒸気が何らかのちりのまわりにくっついて、最初は100分の1mmほどの氷の結晶として生まれます。大気中を落下するにつれて、水蒸気がさらにくっついて成長し、地上で雪の結晶として観察できるようになります。雪の結晶の大きさは通常3mm程度ですが、ときには数cmに成長することもあります。

六角形を基本としたさまざまな雪の結晶。これを「六花」とも言い、
各花びらが樹枝状に成長していることが分かります。

氷の結晶(氷晶)がごくまれに朝の太陽光でダイヤモンドのように輝き、写真のような光の柱(太陽柱)に見えることがあります。

Q2 雪の結晶は六角形のものしかないの？

A 落下途中の条件次第でさまざまな形となります。

雪の結晶は六角形をした「六花」が典型的ですが、鼓型、ピラミッド型、コップ型のほか、ときには十二花の結晶になることがあります。中谷は零下50℃にまで下がる低温実験室を作り、そこで初めて六花の雪の結晶を作ることに成功しました。

江戸時代天保年間に書かれた『雪華図説』(土井利位。「雪の殿様」とも)。顕微鏡による雪の結晶の観察図が全部で99個載っており、中谷は、世界的に見て、これを上回る雪の研究書は当時はなかったと語っています。

中谷 宇吉郎 (1900〜1962年)

雪の結晶の美しさと面白さに魅せられ、初めは零下10℃以下の戸外で、結晶を採取しながら顕微鏡観察を続けました。そして、世界でだれも成功していない人工雪の研究に取り組みます。自然界の雪は、空中に浮かんでいる小さなちりが芯となり、そのまわりに氷の結晶ができ、成長して雪の結晶となります。地上では再現することが難しく、特別な実験室と芯となるちりの素材が必要でした。中谷は零下50℃まで冷やすことのできる低温実験室と、芯としてウサギの腹毛を選び、1936年に世界で初めて人工の雪の結晶を作ることに成功しました。

Q
日本人のノーベル賞受賞者は
何人いるの？

オワンクラゲ。数十万匹のオワンクラゲから史上初めて緑色蛍光タンパク質を抽出することに成功した下村脩は、2008年にノーベル化学賞を受賞しました。

A
2018年までで、27名です。

日本人初のノーベル賞受賞者は、ノーベル物理学賞の湯川秀樹（1949年）で、それから約70年で科学者（23名）、文学者（3名）、政治家（ノーベル平和賞1名）が受賞しています。ノーベル経済学賞受賞者はまだいません。

Q 日本人のノーベル賞受賞者は何人いるの?

古来観察されてきた発光生物、謎の解明は1885年に始まった。

1885年、ホタルの発光はルシフェリンとルシフェラーゼによることが分かり、1917年になってその基本的なメカニズムが解明されてきました。
1957年、下村脩はウミホタルのルシフェリンの結晶化に成功します。
1962年には、オワンクラゲからイクオリンと緑色蛍光たんぱく質（GFP）を発見。
このために、約85万匹のオワンクラゲを1匹1匹、手網で採取したと言いますが、労力を惜しまない努力と情熱、ぶれない信念が大発見を導いたのです。

Q 緑色蛍光たんぱく質ってなに？

A 光に当たると緑色に光るオワンクラゲの発光物質です。

下村は最初にオワンクラゲからイクオリンという青色に光る物質を発見しました。イクオリンは緑色蛍光たんぱく質（GFP）にエネルギーを与え、オワンクラゲを緑色に光らせます。それまでに知られていたホタルやウミホタルの発光はルシフェリンがルシフェラーゼという酵素による酸化で光るとされていましたが、それまでとはまったく別の物質とメカニズムで光ることが発見されたのです。

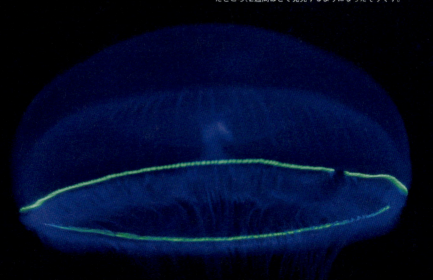

鶴岡市立加茂水族館（山形県）の人工飼育によるオワンクラゲ。天然ものはすぐ発光しますが、人工飼育したものは発光しません。同館では下村博士のアドバイスで、ある物質をエサに混ぜたところ、2週間ほどで発光するようになったそうです。

遺伝子操作で細胞にGFPを持つ実験用マウス。紫外線を照射するとマウスは緑色蛍光を発します。

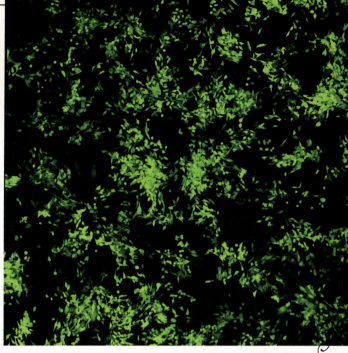

乳がんのがん細胞をGFPで光らせた顕微鏡写真。マウスの実験では、がん細胞の増殖や転移の様子がリアルタイムで観察でき、がん治療への効果が期待されています。

GFPはなにかの役に立つの?

A 生命科学や医学の研究で欠かせない道具となっています。

たとえば、教科書に載っている細胞図は各器官の境界がはっきりしていて色もつき、構造がよく分かります。しかし本物の細胞は透明で、境界があいまいで色もなく透明です。生命科学や医学の研究では、調べたい細胞器官に色がついていれば、その構造や挙動が分かります。それを可能にしたのがGFPです。細胞を染色して観察する方法はさまざまですが、生きた細胞をリアルタイムで観察することはほとんど不可能でした。GFPはこの難題をクリアして、生きた細胞を観察する道具として世界中の研究所で使われています。

下村 脩 (1928〜2018年)

神秘的で美しい生物発光は、アリストテレスも注目した現象でした。それから約2500年経って、その秘密が解明されてきました。下村は最初にウミホタルの発光現象に注目し、約500万匹を採取して発光物質であるルシフェリンの結晶化に成功しました。その後アメリカに渡ってオワンクラゲの発光現象の謎に挑戦しました。なかなか成果が出なかったので、指導教授から「やめたら」と言われましたが、研究を続け、ついに緑色蛍光たんぱく質(GFP)を発見したのです。その後、下村の研究は、アメリカのマーティン・チャルフィーとロジャー・チェンによって応用の道が開かれ、2008年、下村を始めとするこの3名にノーベル化学賞が授与されたのです。

日本人のノーベル賞受賞者 （物理、化学、医学・生理学、1949~2018年）
数字は受賞年

	1949	1965	1973	1981	1987
物理学賞	湯川秀樹 中間子の理論的発見。	朝永振一郎 量子電磁力学分野での基礎的研究による素粒子物理学への貢献。	江崎玲於奈 半導体と超伝導体におけるトンネル効果の実験的発見。		
化学賞				福井謙一 化学反応過程の理論的研究。	
医学・生理学賞					利根川進 多様な抗体を生成する遺伝的原理の解明。

	2008	2010		2012	2014
物理学賞	南部陽一郎 素粒子物理学における自発的対称性の破れの発見。				赤崎勇 高輝度で省電力の白色光を出す青色発光ダイオードの発明。
化学賞		根岸英一	鈴木章 有機合成におけるパラジウム触媒によるクロスカップリングの開発。		
医学・生理学賞				山中伸弥 さまざまな細胞に成長できる能力を持つiPS細胞の作製。	

2000	2001	2002		2008	
	天体物理学、特に宇宙ニュートリノの検出に対するパイオニア的貢献。	小柴昌俊	小林誠	益川敏英	
白川英樹	野依良治	田中耕一	下村脩	小林・益川理論とCP対称性の破れの起源と新しいクォークの存在予想による素粒子物理学への貢献。	
導電性高分子の発見と発展。	キラル触媒による不斉反応の研究。	生体高分子の同定および構造解析のための手法の開発。	緑色蛍光タンパク質（GFP）の発見と生命科学への貢献。		

		2015	2016	2018
天野浩	中村修二	梶田隆章		
色光源を可能にした青色発光ダイオー	ニュートリノが質量を持つことを示すニュートリノ振動の発見。	オートファジーの仕組みの解明。	免疫チェックポイント阻害因子の発見とがん治療への応用。	
	大村智	大隅良典	本庶佑	
	線虫の寄生によって引き起こされる感染症に対する新たな治療法の確立。			

科学・発見の歴史

| 前2600 | 前600 | 前500 | 前400 | 前300 | 前200 | 1000 |

前27世紀頃　P31
最初の医師（メリト・プタハ）

前384〜前322年　P39
地球が球体（アリストテレス）

前30世紀頃　P31
最初の歯科医師（ヘシ・ラー）

11世紀初め　P51
最初のカメラ

前7〜6世紀頃　P35
最初の科学者（タレース）

前5〜4世紀頃　P108
最初の原子論（デモクリトス）

前4〜3世紀頃　P38
太陽中心説（アリスタルコス）

前3世紀　P43
浮力の発見（アルキメデス）

| 50 | 60 | 70 | 80 | 90 | 1700 | 50 |

1665年　P79
細胞の発見（ロバート・フック）

1665年頃　P17
万有引力の発見（アイザック・ニュートン）

1753年
植物の

1676年　P8
光速の推定（オーレ・レーマー）

1676年　P79
バクテリアの発見（アントニ・レーウェンフック）

| 500 | 50 | 1600 | 10 | 20 | 30 | 40 |

1600年前後　P69
落体の法則の発見 (ガリレオ・ガリレイ)

1600年　P61
地球磁石説 (ウィリアム・ギルバート)

(イブン・アル=ハイサム)

1600年前後　P69
望遠鏡の発明

1543年　P13
地動説の提唱 (ニコラウス・コペルニクス)

1610年　P69
木星の4つの衛星発見 (ガリレオ・ガリレイ)

1600年前後　P78
顕微鏡発明 (ヤンセン父子)

1609年　P65
惑星運動の法則 (ヨハネス・ケプラー)

1628年　P73
血液循環説
(ウイリアム・ハーヴェー)

| 1800 | 10 | 20 | 30 | 40 | 50 |

1801年　P91
小惑星ケレスの軌道確定 (カール・フリードリヒ・ガウス)

1820年　P94
電気から磁気発生の発見
(ハンス・クリスティアン・エールステッド)

83
二名法の提唱 (カール・フォン・リンネ)

1825年　P103
ベンゼンの発見 (マイケル・ファラデー)

766年　P87
水素の発見 (ヘンリー・キャベンディッシュ)

1831年　P95
電磁誘導の法則発見
(マイケル・ファラデー)

770年代　P74
南極大陸の発見

1838年　P69
地球の公転の証明
(ヴィルヘルム・ベッセル)

1849年　P8
光速の測定
(アルマン・フィゾー)

1820年　P74
南極大陸上陸

| 1800 | 60 | 70 | 80 | 90 | 1900 | 10 |

- 1851年 P69 地球自転の証明（レオン・フーコー）
- 1859年 P21 進化論の提唱（チャールズ・ダーウィン）
- 1865年 P105 ベンゼン環の発見（アウグスト・ケクレ）
- 1865年 P99 遺伝の法則発見（グレゴール・メンデル）
- 1869年 P109 周期表の提唱（ドミトリ・メンデレーエフ）
- 1885年 P146 ホタルの発光物質発見
- 1898年 P121 ラジウム、ポロニウムの発見
- 1900年 P99 メンデルの遺伝法則再発見
- 1900年 P117 量子の発見（マックス・プランク）
- 1903年 P113 ロケット推進の公式
- 1905年 P9 特殊相対性理論発表

| 1900 | 50 | 60 | 70 | 80 |

- 1949年 P145 日本人初のノーベル賞(物理学賞)の湯川秀樹
- 1951年 P133 動く遺伝子（トランスポゾン）の発見（バーバラ・マクリントック）
- 1953年 P25 ワトソン、クリックDNAの二重らせん構造
- 1962年 P147 緑色蛍光たんぱく質（GFP）発見（下村脩）
- 1963年 P137 ブラックホールの特異点発見（スティーブン・ホーキング）
- 1967年 P129 ミツバチの8の字ダンス発見
- 1969年 P100 アポロ11号の月着陸
- 1974年 P91 M13銀河にメッセ
- 1978年 人類

　　　　　20　　　　　　　30　　　　　　　40

（コンスタチン・ツィオルコフスキー）

（アルベルト・アインシュタイン）

1912年　P125
大陸移動説の発表（アルフレッド・ウェゲナー）

（ピエール、マリー・キュリー夫妻）

1915〜1916年　P9
一般相対性理論の提唱（アルベルト・アインシュタイン）

　　　　　　　　1929年
　　　　　　　宇宙の膨張発見（エドウィン・ハッブル）

　　　　　　　　　　　1931年　P78
　　　　　　　　　　　電子顕微鏡の発明

　　　　　　　　　　　　1936年　P143
　　　　　　　　　（中谷宇吉郎）**人工雪成功**

　　　　　90　　　　　　　2000
　　　　　　　　　　　2015年　P90
ージを電波で送信　　　**重力波検出成功**
26
祖先の足跡化石発見（メアリー・リーキー）

（カール・フォン・フリッシュ）

153

索引

ア
- アインシュタイン — 8、9、90、91、117、137
- アームストロング船長 — 100、113
- アファール猿人 — 26
- 天の川銀河 — 12、13
- アリスタルコス — 38、39
- アリストテレス — 38、39、83、108、147
- アルキメデス — 42、43、91
- アンドロメダ銀河 — 11、13

イ
- 医学 — 30、50、73、147
- イタリア壁トカゲ — 21
- 異端審問 — 68、69
- 一般相対性理論 — 9、90、91
- 遺伝子 — 24、25、98、131、132
- 遺伝の法則 — 97、98、99
- イブン・アル=ハイサム — 48、50、51

ウ
- ウェゲナー — 124、125
- 動く遺伝子 — 132、133
- 運動の法則 — 17

エ
- F1雑種 — 98
- エールステッド — 94
- エネルギー — 114、115、116、117
- エネルギーの最小単位 — 116、117
- F2雑種 — 98
- エンドウマメ — 97、98、99

オ
- オーロラ — 58、59、60、61
- オワンクラゲ — 145、146、147

カ
- ガウス — 89、90、91
- 化学 — 95、104、121
- 科学的発見 — 97
- 仮説 — 38、49、64
- かにパルサー — 136
- 雷 — 9、92、93、94、95
- カメラ・オブスキュラ — 50、51
- ガラパゴス諸島 — 19、20
- ガリレオ — 50、66、67、68、69、90、100
- ガリレオの振り子 — 68
- ガリレオ衛星 — 69
- 慣性の法則 — 17、68、69
- 肝臓 — 72、73

キ
- キャベンディッシュ — 85、86、87
- ギルバート — 60、61

ク
- クジラ — 38、83
- クマムシ — 77

ケ
- 形質 — 24、98
- ケクレ — 103、104、105
- 血液 — 70、71、72、73
- 血液循環説 — 72、73
- 結晶 — 109、140、142、143
- 月食 — 36、37、38、39
- ゲノム — 25、132、133
- ケプラー — 51、62、64、65、111
- 元素 — 106、107、108、109、121
- 元素周期表 — 108
- 原子 — 35、59、78、108、109、116、117、121
- 原子論 — 108
- 元素記号 — 108
- 顕微鏡 — 78、79、105、109、143
- 交配実験 — 97、98、99
- 古代エジプト — 29、30、31、72
- 古代ギリシア — 33、34、35、38、39、43、51、72、83、108
- 古代中国 — 45、47
- コペルニクス — 12、13、68

サ
- 細胞 — 24、78、147

シ
- GFP — 146、147
- 磁気 — 59、60、61、94
- 磁気圏 — 60
- 磁石 — 59、60、61、94
- 地震計 — 45、46、47
- 実験 — 48、50、56、57、61、68、73、85、86、87、94、97
- 実験科学者 — 50、68
- 下村脩 — 145、146、147
- 種 — 20
- 重力 — 9、16
- 重力波望遠鏡 — 90
- 種小名 — 81、82
- 純系 — 98
- 小惑星 — 89、90、91

ショ
- ショーヴェ洞窟 — 53
- 磁力線 — 60
- 進化 — 19、20、21、132
- 進化論 — 20、21
- 心臓 — 71、72、73
- 人体解剖図 — 57

ス
- 推進剤 — 112
- 数学 — 17、34、42、43、50、51、64、68、89、90、91、99、112、113

セ
- 静電気 — 94
- 生物発光 — 105、147
- 赤血球 — 70、72、73
- 雪華図説 — 143
- 染色体 — 22、24、133
- 占星術 — 63、65

ソ
- 相対性理論 — 7、9
- 属名 — 81、82
- ソフィー・ジェルマン — 91

タ
- ダ・ヴィンチ — 54、55、56、57、90
- ダーウィン — 19、20、21
- 太平洋プレート — 125
- 太陽 — 6、12、16、38、39、59、60、64、65、128、136、137
- 太陽風 — 60
- 大陸移動説 — 124、125
- 楕円軌道 — 64、65
- タレース — 34、35
- 炭素^{14}C — 120、121

チ
- 地殻 — 124、125
- 力と加速度の法則 — 17
- 地球 — 11、12、14、16、36、38、59、60、69、84、86、124、138、142
- 地球の重さ — 84、86、87
- 地動儀 — 46、47
- 地動説 — 12、13、39、64、66、67、68、69
- 張衡 — 45、46、47
- 超新星爆発 — 136、137

ツ
- ツィオルコフスキー — 111、112、

	113	フ ファラデー ― 94、95、103	雪 ― 142、143
	月 ― 14、15、16、37、38、39、68、100、111、112、113、138	フィゾー ― 8	雪の結晶 ― 141、142、143
		斑入り ― 132、133	ヨ 陽子 ― 108、109、116、117
		フーコー ― 69	四元素説 ― 108
	月着陸船 ― 100、113	フック ― 78、79	四大発明 ― 47
テ	DNA ― 22、24、25、132、133	物理学 ― 90、91、95、116、121	ラ 落体の法則 ― 68
	低温実験室 ― 143	プランク ― 116、117	羅針盤 ― 47
	ティコ・ブラーエ ― 64	ブラックホール ― 91、134、136、137	リ リーキー博士 ― 26
	デモクリトス ― 35		量子 ― 114、116、117
	電気 ― 60、87、92、93、94、95	フリッシュ ― 128、129	量子力学 ― 117
	電子 ― 108、109、116、117	浮力 ― 40、42、43	緑色蛍光たんぱく質 ― 145、146、147
	電子顕微鏡 ― 78	ブルーノ ― 68	
	電磁誘導の法則 ― 94、95	プレート ― 124、125	リンネ ― 81、82、83
	天動説 ― 12、13、39	プレートテクトニクス理論 ― 124	ル ルネッサンス ― 39、47、54
	天文学 ― 34、46、63、68、90、91	分離の法則 ― 98	レ レーウェンフック ― 78、79
		ヘ ベクレル ― 120	レーマー ― 8
ト	土井利位 ― 143	ヘシ・ラー ― 31	レッドスプライト ― 94
	トウモロコシ ― 130、131、132、133	ベッセル ― 69	錬金術 ― 104
		ヘモグロビン ― 73	ロ ロケット推進の基本公式 ― 112
	同位元素 ― 109	ベンゼン環 ― 104、105	六花 ― 142
	独立の法則 ― 98	ホ 望遠鏡 ― 64、69、86、91、100	ワ 惑星運動の法則 ― 64、65
	トランスポゾン ― 132、133	放射性炭素年代測定 ― 120	ワトソンとクリック ― 23、24、25、133
	トンネル効果 ― 117	放射性物質 ― 119、120、121	
ナ	中谷宇吉郎 ― 141、142、143	放射線 ― 118、119、120、121	
	ナノサイズ ― 117	放射能 ― 118、119、120、121	
	南極 ― 60、61、74	ホーキング ― 137	
ニ	二重らせん ― 24、25	星占い ― 62	
	二足歩行化石 ― 26	星の一生 ― 137	
	日本人のノーベル賞受賞者 ― 144、145、148、149	ホモ・サピエンス ― 80	
		マ マクリントック ― 132、133	
	二名法 ― 82	マッコウクジラ ― 43	
	ニュートン ― 15、16、17、50、65、78、90、104、112	マリー・キュリー ― 121	
		ミ 密度 ― 42	
	ニュートンの運動法則 ― 112	ミツバチ ― 126、127、128、129	
ハ	8の字ダンス ― 128	ミリシーベルト ― 120	
	ハーヴェー ― 72、73	メ メリト・プタハ ― 30、31	
	ハワイ諸島 ― 122、125	メンデル ― 97、98、99	
	万有引力 ― 15、16、17、65、85、86	メンデレーエフ ― 109	
		ヤ 夜光虫 ― 105	
		ヤンセン父子 ― 78	
ヒ	光の速さ（光速） ― 6、7、8、9	ユ 有機化学 ― 104、105	
	比重 ― 40、42、43	優性の法則 ― 98	
	ピタゴラスの定理 ― 91	湯川秀樹 ― 145	
	氷晶 ― 142、143		

155

Photographers List フォトグラファーリスト

カバー	Martin Molcan/123RF	P.43	下：Alamy Stock Photo/amanaimages
P.1	iStock	P.44	iStock.com/tupianlingang
P.2	iStock	P.46	上：Alamy Stock Photo/amanaimages
P.4	iStock	P.46	下：Bridgeman Images/amanaimages
P.6	MASASHI HAYASAKA/SEBUN PHOTO /amanaimages	P.47	上：iStock.com/shiyali
P.8	NASA ESA and the Hubble Heritage Team (STScI/AURA)	P.47	中左：Ytrottier
P.9	上：iStock.com/amriphoto	P.47	中右：iStock.com/richcano
P.9	中：JPL Infographics	P.47	下：State Post Bureau of the People's Republic of China
P.9	Ferdinand Schmutzer	P.48	iStock.com/Harry Green
P.10	NASA/JPL-Caltech	P.50	上：The Kitab al-Manazir, Suleimaniye Mosque Library, Istanbul
P.12	NASA/Adler/U. Chicago/Wesleyan/JPL-Caltech	P.50	下：age fotostock / Alamy Stock Photo/amanaimages
P.13	上：Adam Evans	P.51	上左：Bridgeman Images /amanaimages
P.13	中：iStock.com/Vlajko611	P.51	上右：Heritage Images/amanaimages
P.13	下：Alamy Stock Photo/amanaimages	P.51	下：Science Source/amanaimages
P.14	NASA NOAA/DSCOVR	P.52	SANJIRO MINAMIKAWA/SEBUN PHOTO /amanaimages
P.16	上左：NASA	P.54	iStock.com/MARINARIS
P.16	上右：NASA	P.56	上：iStock.com/JanakaMaharageDharmasena
P.16	下：photolibrary	P.56	下：iStock.com/JanakaMaharageDharmasena
P.17	上：X-ray: NASA/CXC/SAO; Optical: Detlef Hartmann; Infrared: NASA/JPL-Caltech	P.57	上左：iStock.com/ilbusca
P.17	下：The Granger Collection/amanaimages	P.57	上右：Alamy Stock Photo/amanaimages
P.18	iStock.com/elmvilla	P.57	中：iStock.com/pictureLake
P.20	iStock.com/Konstik	P.57	下：Alamy Stock Photo/amanaimages
P.21	De Waal et al./Annals of Botany 109: 668, 2012	P.58	iStock.com/SERG_AURORA
P.21	中：Petar Milošević	P.60	上：NASA ESA Hubble OPAL Program J. DePasquale (STScI) L. Lamy (Obs. Paris)
P.21	下：iStock.com/stockcam	P.60	下：NASA/Goddard Space Flight Center
P.22	Biophoto Associates/SCIENCE SOURCE /amanaimages	P.61	上：NASA / UC Berkeley
P.24	上：Alamy Stock Photo/amanaimages	P.61	下：Alamy Stock Photo/amanaimages
P.24	下：iStock.com/EduardHarkonen	P.62	NASA/CXC/NCSU/M. Burkey et al. Optical: DSS
P.25	上左：SCIENCE SOURCE/amanaimages	P.64	左：The Granger Collection/amanaimages
P.25	上右：Dr Graham Beards	P.64	右：Alamy Stock Photo/amanaimages
P.25	中：OpenCage	P.65	上：NASA/Wendy Stenzel
P.25	下：SCIENCE PHOTO LIBRARY /amanaimages	P.65	下：Alamy Stock Photo/amanaimages
P.26	Science Photo Library/amanaimages	P.66	Science Photo Library//amanaimages
P.28	iStock.com/TerryJLawrence	P.68	上：JoJan
P.30	上左：iStock.com/AmandaLewis	P.68	中：Alamy Stock Photo/amanaimages
P.30	上右：Alamy Stock Photo/amanaimages	P.68	下：NASA
P.30	下：Alamy Stock Photo/amanaimages	P.69	上：NASA/JPL/DLR
P.31	上：iStock.com/Dimos_istock	P.69	中：Galileo Galilei
P.31	中左：iStock.com/hayatikayhan	P.69	下：Alamy Stock Photo/amanaimages
P.31	中右：James Edward Quibell	P.70	nishinaga susumu/Nature Production /amanaimages
P.31	下：Alamy Stock Photo/amanaimages	P.72	agefotostock/amanaimages
P.32	iStock.com/Gatsi	P.73	上：SCIENCE PHOTO LIBRARY /amanaimages
P.34	上：iStock.com/muratart	P.73	下：The Granger Collection/amanaimages
P.34	下：iStock.com/HowardOates	P.74	iStock.com/jocrebbin
P.35	上：iStock.com/sculpies	P.76	SCIENCE PHOTO LIBRARY /amanaimages
P.35	下：anonymous	P.78	上左：Alamy Stock Photo/amanaimages
P.36	iStock.com/1111IESPDJ	P.78	上中：The Granger Collection/amanaimages
P.38	iStock.com/georgeclerk	P.78	上右：SCIENCE PHOTO LIBRARY/amanaimages
P.38	Library of Congress Vatican Exhibit	P.78	下：Image Source RF/amanaimages
P.39	上：The Granger Collection/amanaimages	P.79	上左：topfoto/amanaimages
P.39	下：Jastorow	P.79	上左下：Anton van Leeuwenhoek
P.40	iStock.com/RuslanDashinsky	P.79	上右：Alamy Stock Photo/amanaimages
P.42	Alamy Stock Photo/amanaimages	P.79	下：Rita Greer
P.43	上：iStock.com/Janos Rautonen		

P.80　awl images /amanaimages
P.82　iStock.com/simonbradfield
P.83　上：iStock.com/Queserasera99
P.83　中：LinnelektionerJapLoMomslag.pdf
P.83　下：The Granger Collection/amanaimages
P.84　JAXA/NHK
P.85　Yusuke Okada/a.collectionRF /amanaimages
P.86　UIG/amanaimages
P.87　上：Science Source/amanaimages
P.87　中：University of Washington Big G Measurement
P.87　下：Science Source/amanaimages
P.88　SCIENCE PHOTO LIBRARY/amanaimages
P.90　Caltech/MIT/LIGO Laboratory
P.91　上：Science Source/amanaimages
P.91　下：Alamy Stock Photo/amanaimages
P.92　TSUYOSHI NISHIINOUE/SEBUN PHOTO /amanaimages
P.94　上：J. Lambert
P.94　下：NASA Expedition 44
P.95　上：PIXTA
P.95　中：NASA earth observatory
P.95　下：Alamy Stock Photo/amanaimages
P.96　Ushio Hamashita/a.collectionRF /amanaimages
P.99　上：iStock.com/Lyubov Demus
P.100　SCIENCE PHOTO LIBRARY/amanaimages
P.102　Ken Ken/a.collectionRF /amanaimages
P.104　上左：iStock.com/sd619
P.104　上右：Ben Mills
P.104　下：anonymous medieval illuminator
P.105　上：photolibrary
P.105　中：The Chemical Structure of a Molecule Resolved by Atomic Force Microscopy. L. Gross et al.
P.105　下：Alamy Stock Photo/amanaimages
P.106　SHOGORO/SEBUN PHOTO /amanaimages
P.108　Science Photo Library/amanaimages
P.108　下：The Granger Collection/amanaimages
P.109　上左：APS/Alan Stonebraker
P.109　上右：photolibrary
P.109　中：IBM Research - Almaden
P.109　下：anonymous Russia
P.110　NASA
P.112　NASA
P.113　上：NASA
P.113　下：agefotostock/amanaimages
P.114　Suzuhiro Takada/a.collectionRF /amanaimages
P.116　Fabrizio Carbone/EPFL
P.117　上：iStock.com/Mikhail Mishunin
P.117　下：anonymous Berlin
P.118　R.CREATION/SEBUN PHOTO /amanaimages
P.121　上：Wikimalte
P.121　下：Nobel Foundation
P.122　Stocktrek Images /amanaimages
P.124　左：Topfoto/amanaimages
P.124　右：Original Mats Halldin Vectorization: Chabacano
P.125　上：Science Source/amanaimages
P.125　中：国土交通省／気象庁

P.125　下：UIG /amanaimages
P.126　iStock.com/LightShaper
P.128　上左：Alamy Stock Photo /amanaimages
P.128　下：shinkai takashi/Nature Production /amanaimages
P.129　上：iStock.com/proxyminder
P.129　下：Alamy Stock Photo /amanaimages
P.130　iStock.com/EzumeImages
P.133　上：iStock.com/Adyna
P.133　中：photolibrary
P.133　下：Smithsonian Institution Archives (SIA)
P.134　SCIENCE PHOTO LIBRARY /amanaimages
P.136　下：NASA/HST/CXC/ASU/J. Hester et al.
P.137　sciencepics/amanaimages
P.137　中左：NASA/GSFC/Solar Dynamics Observatory
P.137　中右：ESA/Hubble & NASA
P.137　下：Magnum Photos /amanaimages
P.138　UPI/amanaimages
P.140　photolibrary
P.142　iStock.com/mbolina
P.143　上：MASAMI GOTO/SEBUN PHOTO /amanaimages
P.143　中：国立博物館展示物
P.143　下：文藝春秋
P.144　photolibrary
P.146　下：osawa yushi/Nature Production /amanaimages
P.147　上：SCIENCE PHOTO LIBRARY /amanaimages
P.147　上右：iStock.com/Drimafilm
P.147　下：Prolineserver
P.148　湯川秀樹：Nobel Foundation
P.148　朝永振一郎：Nobel Foundation
P.148　江崎玲於奈：文藝春秋 /amanaimages
P.148　福井謙一：文藝春秋 /amanaimages
P.148　利根川進：User9131986
P.148　南部陽一郎：Betsy Devine
P.148　根岸英一：Holger Motzkau
P.148　鈴木章：Holger Motzkau
P.148　山中伸弥：National Institutes of Health
P.148　赤崎勇：SIPA/amanaimages
P.149　白川英樹：文藝春秋 /amanaimages
P.149　天野浩：ZUMA Press/amanaimages
P.149　野依良治：Користувач:Brunei
P.149　中村修二：Ladislav Markuš
P.149　小柴昌俊：内閣官房内閣広報室
P.149　田中耕一：SIPA /amanaimages
P.149　梶田隆章：Bengt Nyman
P.149　大村智：Bengt Nyman
P.149　小林誠：Prolineserver
P.149　下村脩：Prolineserver
P.149　大隅良典：Bengt Nyman
P.149　益川敏英：Prolineserver
P.149　本庶佑：文部科学省大臣官房人事課
P.158　iStock.com/Filippo Bacci
P.160　iStock.com/scyther5

主な参考文献（順不同）

『科学思想のあゆみ』Ch. シンガー 訳・伊藤俊太郎／木村陽二郎／平田　寛（岩波書店）
『科学革命の時代』H. カーニイ 訳・中山　茂／高柳雄一（平凡社）
『知識ゼロからの科学史入門』池内　了（幻冬舎）
『科学史年表 増補版』小山慶太（中央公論新社）
『近代科学の源流』伊藤俊太郎（中央公論新社）
『世界の科学者100人 未知の扉を開いた先駆者たち』
『世界の名著31 ニュートン』責任編集／訳・河辺六男（中央公論新社）
『世界の名著80 現代の科学Ⅱ』責任編集・湯川秀樹／井上　健（中央公論新社）
『中谷宇吉郎 雪を作る話』中谷宇吉郎（平凡社）
『光る生物の話』下村　脩（朝日新聞出版）
『アラビア科学の歴史 知の再発見双書131』ダニエル・ジャカール 監修・吉村作治　訳・遠藤ゆかり（創元社）
『Ibn al-Haytham The Man Who Discovered How We See』Libby Romero（NATIONAL GEOGRAPHIC）
『動く遺伝子　トウモロコシとノーベル賞』エブリン・フォックス・ケラー 訳・石館美枝子／石館康平（晶文社）
『化学歴』村上枝彦（みすず書房）
『ケプラーの夢』ヨハネス・ケプラー 訳・渡辺正雄／榎本美恵子（講談社）
『週刊100人 歴史は彼らによってつくられた』
　No.007 レオナルド・ダ・ヴィンチ
　No.016 ガリレオ・ガリレイ
　No.019 チャールズ・ダーウィン
　No.058 ニコラウス・コペルニクス
　No.077 マリー・キュリー
　No.084 アルキメデス
　（以上、ディアゴスティーニ・ジャパン）
『ニコラウス・コペルニクス その人と時代』ヤン・アダムチェフスキ 訳・小町真之／坂本　多
『宇宙は無数にあるのか』佐藤勝彦（集英社）
『大陸と大洋の起源』アルフレッド・ウェゲナー 訳・竹内　均（講談社）
『磁石のナゾを解く 体内磁石からオーロラまで』中村　弘（講談社）
『放射線と現代生活 マリー・キュリーの夢を求めて』アラン・E・ウォルター 訳・高木直行／千歳敬子
『アインシュタイン 相対性理論』アインシュタイン 訳・内山龍雄（岩波書店）
『ハッブル 銀河の世界』ハッブル 訳・戎崎俊一（岩波書店）
『SCIENCE　The Definitive Visual Guide』Editor-in-Chief・Adam Hart-Davis(DK)

監修者プロフィール

的川泰宣 (まとがわ やすのり)

1942年広島県生まれ。工学博士、宇宙工学者。東京大学工学部航空学科宇宙工学コース、東京大学大学院工学研究科航空学専攻。在学中に日本初の人工衛星「おおすみ」の打上げに貢献。東京大学宇宙航空研究所から文部省宇宙科学研究所（ISAS）を経て宇宙航空研究開発機構（JAXA）教授。現在、JAXA名誉教授、JAXA教育・広報アドバイザー、はまぎん 横浜こども科学館館長、公益財団法人日本宇宙少年団（YAC）顧問など多数の要職にある。主な著書に『小惑星探査機「はやぶさ」の奇跡——挑戦と復活の2592日』（PHP研究所）、『宇宙のひみつ Q&A』（朝日出版社）、『的川博士が語る宇宙で育む平和な未来 喜・怒・哀・楽の宇宙日記5』（共立出版）、『ニッポン宇宙開発秘史 元祖鳥人間から民間ロケットへ』（NHK出版新書）、『宇宙飛行の父——ツィオルコフスキー』（勉誠出版）など多数。

世界でいちばん素敵な
科学の教室

2019年 4月20日　第1刷発行
2022年 2月1日　第3刷発行
定価(本体1,500円+税)

監修	的川泰宣	印刷・製本	図書印刷株式会社
企画／文	遠藤芳文	発行	株式会社三才ブックス
編集	株式会社フレア		〒101-0041
イラスト	山本悠		東京都千代田区神田須田町2-6-5
装丁	公平恵美		OS'85ビル
デザイン	山田麻由子		TEL：03-3255-7995
			FAX：03-5298-3520
発行人	塩見正孝		http://www.sansaibooks.co.jp
編集人◆	神浦高志	Facebook	https://www.facebook.com/yozora.kyoshitsu/
販売営業	小川仙丈	Twitter	@hoshi_kyoshitsu
	中村崇		
	神浦絢子		

※本書に掲載されている写真・記事などを無断掲載・無断転載することを固く禁じます。
※万一、乱丁・落丁のある場合は小社販売部宛てにお送りください。送料小社負担にてお取り替えいたします。

©三才ブックス2019